速効！ポケットマニュアル
Sokko! Pocket Manual

Excel エクセル
2019 & 2016 & 2013
関数
便利ワザ

マイナビ

本書の使い方

◎ 1項目1ページで、みんなが必ずつまづくポイントを解説。
◎ **タイトル**を読めば、具体的に何が便利かがわかる。
◎ **操作手順**だけを読めばササッと操作できる。
◎ もっと知りたい方へ、**補足説明**と**コラム**で詳しく説明。

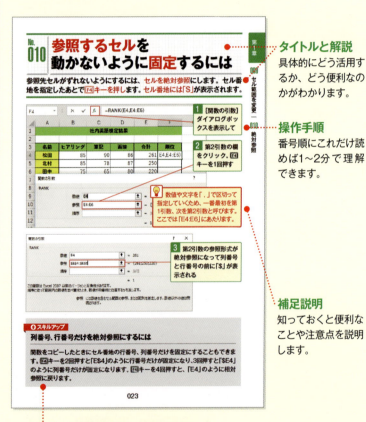

タイトルと解説
具体的にどう活用するか、どう便利なのかがわかります。

操作手順
番号順にこれだけ読めば1〜2分で理解できます。

補足説明
知っておくと便利なことや注意点を説明します。

コラム ◎スキルアップ ◎トラブル解決
もっと詳しく知りたい方へ、スキルアップやトラブル解決の知識を紹介します。

サンプルデータのダウンロード

URL: https://book.mynavi.jp/supportsite/detail/9784839968663.html

※以下の手順通りにブラウザーのアドレスバーに入力してください。

Windows 10の場合

1 ブラウザー (ここではMicrosoft Edge) を起動

2 ここをクリックして上記URLを入力し、Enterキーを押す

3 画面をスクロールし、「サンプルデータのダウンロードはこちら」のリンクをクリック

4 [保存] をクリック

5 ダウンロードが終了したら [開く] をクリック

6 フォルダーウインドウが開くので、ファイルをクリック

7 展開したい場所 (ここでは [デスクトップ]) をクリックすると展開が始まる

8 ファイルが展開された。ダブルクリックすると、

9 章ごとに分かれたサンプルデータが表示される

※次ページの下の2つのコラムもお読みください

Windows 8.1/8/7の場合

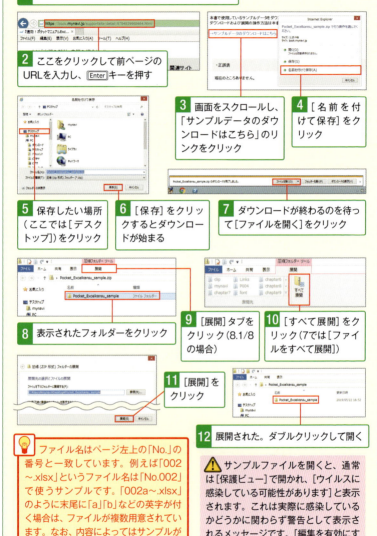

速効! ポケットマニュアル
Sokko! Pocket Manual

Excel 関数 便利ワザ
2019 & 2016 & 2013

CONTENTS ◎目次

本書の使い方 …………………………………………………… 002
ダウンロードデータの使い方 ………………………………… 003

第1章
関数のきほんのき …………………………………………… 013

- No.001 関数を使う**理由**って何? ………………………………………… 014
- No.002 関数を使う前に**しくみ**や**メリット**を知っておこう! ……… 015
- No.003 関数の**引数を確認**しながら**入力**するには ……………………… 016
- No.004 関数をキーボードから**手動で入力**するには …………………… 017
- No.005 **目的に合った関数**を見つけたい! ……………………………… 018
- No.006 **同じ関数**を**別のセル**で利用できるの? ………………………… 019
- No.007 複数のセルに**関数を続けて入力**するには ……………………… 020
- No.008 入力した**関数の内容**を**確認**するにはどうするの? …………… 021
- No.009 引数のセル範囲を変更したい ……………………………………… 022
- No.010 **参照するセル**を動かないように**固定**するには ………………… 023
- No.011 関数に名前を付けて入力をラクにする …………………………… 024
- No.012 引数に**別の関数**を**組み合わせる**ことはできる? ………………… 025
- No.013 「**表**」のデータを**関数**に入れるには? ……………………………… 026
- No.014 **複数のセル**に入ったデータを**一度に計算**したい ………………… 027
- No.015 もっと**高度な関数**を利用するには ………………………………… 028

第2章
日付や時刻を扱う関数ワザ …………………………………… 029

No.	項目	ページ
No.016	日付や時刻の計算のしくみを知りたい	030
No.017	今日の日付を表示するには	031
No.018	現在の日付と時刻を表示するには	032
No.019	「2018年4月1日」のように年・月・日を表示したい	033
No.020	2014年1月30日から「2014」だけ取り出すには？	034
No.021	10時18分57秒を「10：18AM」と表示したい！	035
No.022	実働「8：00」から「8」の時間だけを取り出したい	036
No.023	別のセルに入力された文字列から年・月・日を求めるには	037
No.024	「9月1日」などの日付から曜日を表示させる	038
No.025	「2014年」→「平成26年」で表示するには	039
No.026	その日から何ヵ月後は何日？を知りたい！	040
No.027	締めで使うと便利！特定日の「月末日」を求める	041
No.028	開始日から終了日までの年数を求めるには	042
No.029	開始日から終了日までの土日祝日を除く営業日を知りたい	043
No.030	「土日祝を除いた営業日＋7日後」などの期限日を設けるには	044
No.031	指定した日付がその年の何週目にあたるかを求めるには	045
No.032	指定した期間が1年間に占める割合を求めたい	046

第3章
数学／三角関数で数値を扱うワザ …… 047

No.	項目	ページ
No.033	売上などの数値を合計するには	048
No.034	条件に当てはまる数値を合計するには	049
No.035	いろいろな条件を満たす数値を合計するには	050
No.036	選択したセルの積（掛け算の結果）を知りたい！	051
No.037	1ヶ月分の数量×単価の合計を求めるには？	052
No.038	集計方法を決めてデータを集計するには	053
No.039	好きな桁数になるように四捨五入・切り上げするには	054
No.040	好きな桁数になるように切り捨てるには	055
No.041	数値の小数部分を切り捨ててキレイな整数にするには	056
No.042	納品数が基準値の倍数になるように切り上げ・切り捨てするには	057

No.043	勤務時間などの数値を**15分単位**で**切り上げ・切り捨て**するには …	058
No.044	**数値を切り上げて**もっとも近い**偶数や奇数**にしたい …………………	059
No.045	割り算したときの結果を**すっきりした整数**で知りたい ……………	060
No.046	**割り算**したときの**余り**を求めるには ………………………………	061
No.047	**最大公約数・最小公倍数**を求めるには………………………………	062
No.048	異なる**10枚のカード**から**2枚**選んだときの**組み合わせ数**を知りたい…	063
No.049	数値から**絶対値**（正・負を取り除いた単純な値）を求めるには ……	064
No.050	数値の**正・負を調べる**には ………………………………………	065
No.051	数値の**正の平方根（ルート）**を求めるには …………………………	066
No.052	数値の**べき乗**を求めるには ………………………………………	067
No.053	簡単に**円周率**を求めるには ………………………………………	068
No.054	角度を**ラジアン単位**に変換するには………………………………	069
No.055	**三角関数**（sin, cos, tan）を利用するには …………………………	070
No.056	0以上1未満の範囲で**乱数**を発生させるには ………………………	071
No.057	**乱数**を発生させてランダムに抽選番号を決定したい ………………	072

第4章
統計関数でデータを**解析**するワザ！ …………………………… 073

No.058	複数の**データの平均**を調べるには………………………………	074
No.059	**文字や空欄**も含めた**平均**を求めるには………………………	075
No.060	「Aさん」の「売上成績の平均」など**条件を満たす数値の平均**………	076
No.061	「北区」で「100件以上」の「平均契約数」など**複数の条件の平均** …	077
No.062	データの上位と下位から**指定の割合を除いた平均**を知りたい ……	078
No.063	**標準偏差**を求めるには ………………………………………	079
No.064	指定したセルの中にある**「数値」の個数**を知りたい………………	080
No.065	**空白を除く**データの**個数**を求めたい…………………………	081
No.066	**空白のセル**の**個数**を数えるには………………………………	082
No.067	**条件に当てはまる**セルの**個数**を求めたい……………………	083
No.068	**複数の条件**に当てはまる**セルの個数**を求めるには …………	084
No.069	「0～29点は何人？」のように**決まった範囲**に含まれる**データの個数** …	085

No.		ページ
No.070	結果の中で一番高い点数(最大値)を知りたい	086
No.071	結果の中で一番低い点数(最小値)を知りたい	087
No.072	売り上げ「2位」に当たる金額(値)を求めるには	088
No.073	データの中央値を求めるには	089
No.074	データで最も頻出する値を求めるには	090
No.075	順位を降順／昇順で表示したい	091
No.076	順位が○%に位置するか知りたい	092
No.077	○%の位置にある値を求めるには	093
No.078	0%・25%・50%・75%・100%の位置にある値を求めるには	094

第5章
検索／行列関数で数値や配列を便利に使うワザ … 095

No.		ページ
No.079	行や列の単位で検索してデータを抽出するには	096
No.080	複数の行・列で検索してデータを抽出したい	097
No.081	検索したデータが表の何番目にあるか知りたい	098
No.082	行・列を指定して交差する位置にあるデータを抽出したい	099
No.083	行・列を指定して交差する位置にあるセルの番地を求めるには	100
No.084	基準のセルから移動した位置にあるセルの番地を求めるには	101
No.085	セルの行番号を調べるには	102
No.086	セルの列番号を調べるには	103
No.087	指定したセル範囲の行の数を求めるには	104
No.088	指定したセル範囲の列の数を求めるには	105
No.089	行と列を入れ替えた表にするには	106
No.090	セルの内容を間接的に参照するには	107
No.091	セルにWebページのURLなどのハイパーリンクを作成するには	108

第6章
データベース関数で集計データを扱う … 109

No.		ページ
No.092	データベースってどんなもの?	110

No.093	データベースを使って欲しいデータを合計するには	111
No.094	条件に当てはまるデータの平均を求めるには	112
No.095	条件に当てはまるデータの個数を求めたい	113
No.096	条件に当てはまる空白以外のデータの個数を求めるには	114
No.097	条件に当てはまるデータの最大値・最小値を知りたい	115
No.098	条件に当てはまるデータを1つだけ抽出するには	116

第7章
文字列操作関数でテキストをもっと便利に … 117

No.099	混ざった全角と半角を半角に統一したい	118
No.100	混ざった全角と半角を全角に統一したい	119
No.101	英文字を大文字に変換するには	120
No.102	英文字を小文字に変換するには	121
No.103	先頭のみ大文字に変換するには	122
No.104	文字列を結合するには	123
No.105	文字列の文字の数を求めるには	124
No.106	知りたい文字が指定した文字から何文字目にあるか調べる(大・小文字を区別)	125
No.107	知りたい文字が指定した文字から何文字目にあるか調べる(大・小文字の区別なし)	126
No.108	文字列の右端から指定の文字数だけ取り出すには	127
No.109	文字列の左端から指定の文字数だけ取り出すには	128
No.110	文字列の指定の位置から指定の文字数だけ取り出すには	129
No.111	文字列を別の文字列に置き換えるには	130
No.112	開始位置と文字数を指定して指定の文字列に置き換えるには	131
No.113	数値を指定の表示形式の文字列に変換するには	132
No.114	数値を四捨五入して桁区切りを付けた文字列に変換するには	133
No.115	数値から通貨を表す文字列に変換するには	134
No.116	数値を漢数字の文字列に変換するには	135
No.117	17時30分などの文字列を数値に変換して表示したい	136
No.118	指定の文字コードに対応する文字を求めるには	137
No.119	文字列の余分な空白文字を削除するには	138

| No.120 | 2つの文字列を比較して同じかどうか調べるには | 139 |
| No.121 | 指定した回数だけ文字列を繰り返して表示するには | 140 |

第8章
論理関数で便利に条件を絞るワザ … 141

No.122	論理値とは？	142
No.123	条件を満たすか満たさないかで処理を変えるには	143
No.124	複数の条件のすべてを満たすかどうか調べるには	144
No.125	複数の条件のどれか1つでも満たすかどうか調べるには	145
No.126	条件が満たされていないかどうか調べるには	146
No.127	値がエラーになる場合にセルに表示する値を変えるには	147
No.128	真の値／偽の値を得るには	148

第9章
情報関数でデータを調べるワザ … 149

No.129	セルの内容を判定するためのIS関数について知ろう	150
No.130	セルが空白かどうかを調べるには	151
No.131	セルの値がエラーかどうかを調べるには	152
No.132	セルの値が#N/Aかどうか／#N/A以外のエラー値かどうかを調べるには	153
No.133	セルの値が数値かどうかを調べるには	154
No.134	セルの値が文字列かどうかを調べるには	155
No.135	セルの値が論理値かどうかを調べるには	156
No.136	セルの値が偶数かどうかを調べるには	157
No.137	エラーの種類を調べるには	158
No.138	データの種類を調べるには	159
No.139	システムについての情報を表示するには	160
No.140	セルの情報を表示するには	161
No.141	文字列のふりがなを取り出すには	162

第10章
財務関数でお金を便利に扱うワザ … 163

- No.142　財務関数を使う前に用語を確認しておこう … 164
- No.143　積立の毎月積立額やローンの毎回の返済額を求めるには … 165
- No.144　返済金額のうちの元金返済額を求めるには … 166
- No.145　返済金額のうちの金利相当額を求めるには … 167
- No.146　元金均等返済での返済額の支払利息を求めるには … 168
- No.147　ローンの支払月数を求めるには … 169
- No.148　ローンの利率を求めるには … 170
- No.149　積立の満期額を求めるには … 171
- No.150　ローンで借入できる金額を求めるには … 172
- No.151　定額法で減価償却費を求めるには … 173
- No.152　定率法で減価償却費を求めるには … 174

第11章
関数組み合わせワザでもっと便利に … 175

- No.153　関数をネストする際に［関数の引数］で引数を指定するには … 176
- No.154　データが入力された時点で別表から参照データを表示するには … 177
- No.155　複数の条件をすべて満たす場合の処理を指定するには … 178
- No.156　セルの値が数値か文字かによって処理を変えるには … 179
- No.157　セルの値が空白かどうかによって処理を変える … 180
- No.158　年代別に人数を数えるには … 181
- No.159　0を除くデータの平均を求めるには … 182
- No.160　0を除くデータの最小値を求めるには … 183
- No.161　余分な空白を1つに統一するには … 184
- No.162　2カ所の文字を一度に置き換えるには … 185
- No.163　改行をスペースに置き換えるには … 186
- No.164　指定した文字よりも前にある文字列を取り出すには … 187
- No.165　行と列の項目を指定して一覧表から値を取り出すには … 188
- No.166　データによって参照する表を切り替えるには … 189

No.167	合計したいセル範囲を自由に切り替えるには	190
No.168	合計範囲の行数や列数を自由に変更するには	191
No.169	締切日までの残りの営業日数を計算するには	192

第12章
一歩進んだお役立ちテクニック！ …………………………… 193

No.170	数値が平均以上かどうかで処理を変えるには	194
No.171	リボンから関数を入力するには	195
No.172	開始日から終了日までの期間を○年○カ月で求めるには	196
No.173	誕生月の会員データがわかるようにするには	197
No.174	年齢を求めるには	198
No.175	24時間を越える時刻から時間数を取り出すには	199
No.176	印刷できない文字を削除するには	200
No.177	数値の単位を変換するには	201
No.178	全科目の点数が一定以上の生徒のセルに色を付けるには	202
No.179	1行おきにセルに色を付けるには	203
No.180	重複データがひと目でわかるようにするには	204
No.181	土日を赤文字で表示するには	205
No.182	平日のデータだけを抽出するには	206
No.183	特定の位置にある文字に応じてフォント色を変更するには	207
No.184	行と列を指定して交差するセルに色を付けるには	208
No.185	入力ミスにエラーメッセージを出すには	209
No.186	時刻を15分単位で入力させるには	210
No.187	セルの入力値として複数の表を参照するには	211
No.188	コードを選択して対応するデータを表示するには	212
No.189	複数の条件で絞り込んだデータを合計するには	213
No.190	表を作らずに複数列のデータを参照するには	214
No.191	数値の符号によって異なる文字を表示するには	215
No.192	借入額や返済期間を自由にシミュレーションするには	216
	索引	217

第1章

関数のきほんのき

関数は複雑な計算を簡単にするための公式のようなものです。Excelには300種類以上の関数が用意され、単独で利用したり、組み合わせて利用したりすることができます。まずは関数を使う上でのしくみやメリットについて学んでいきましょう。

第1章 関数のきほんのき

No. 001 関数を使う理由って何？

関数とは、**複雑な計算を簡単にするための公式**のようなものです。Excelには**300種類以上**もの関数が用意されています。

数式を簡単に指定できる

関数を利用すると、数式を組み合わせるよりも、簡単に計算結果を求めることができる。例えば、平均を求める式は、対象となる数値の合計を個数で割り算するが、AVERAGE関数を使えば、対象となる数値を指定するだけでよい

G4 =AVERAGE(B4:F4)

名前	国語	数学	英語	理科	社会	平均
松田	85	90	86	90	56	81.4
北村	85	78	87	70	77	79.4
田中	75	65	80	99	80	79.8
合計	245	233	253	259	213	240.6

期末テスト成績

専門的な計算ができる

関数を使うと、専門的な計算も簡単にできる。右の例では、PMT関数を使ってローンの毎月返済額を算出している。このように、計算式を立てづらい難解な計算をしてくれる関数がExcelには豊富に用意されている

C6 =PMT(C4/12,C5*12,C3)

マイホームローン試算表

借入金額	¥35,000,000
月利	2.75%
返済期間（月）	420
毎月支払額	¥-80,209

⊕ スキルアップ

関数にはさまざまな種類がある

関数は数値の計算をするものばかりではありません。文字列から特定の文字を抜き出したり、行や列を指定して該当するセルのデータを取り出したりする関数もあります。Excelの関数は「数学／三角」「日付／時刻」「統計」など全部で11種類に分類されています。

No. 002 関数を使う前にしくみやメリットを知っておこう!

関数を利用すると、通常の計算式に比べてどんなメリットがあるのか最初の理解しておくとスムーズです。

関数のしくみ

=AVERAGE (B4:D4)

1 関数は頭に「=」を付けて「=関数名(○○)」と入力する

2 関数の後ろにつく(○○)のことを「引数」と呼び、この範囲を関数計算する。「：」はセルの範囲を表す

・関数を使わない場合

G4 : fx =(B4+C4+D4+E4+F4)/5

	A	B	C	D	E	F	G
1	期末テスト成績						
2							
3	名前	国語	数学	英語	理科	社会	平均
4	松田	85	90	86	90	56	81.4
5	北村	85	78	87	70	77	79.4
6	田中	75	65	80	99	80	79.8
7	合計	245	233	253	259	213	240.6

例えば、木村さんの教科の平均点を出す場合。B4〜F4までのセルの数値を足して、教科数（5）で割るため、このような長い数式を手で入力する必要がある

・関数を使った場合

G4 : fx =AVERAGE(B4:F4)

	A	B	C	D	E	F	G
1	期末テスト成績						
2							
3	名前	国語	数学	英語	理科	社会	平均
4	松田	85	90	86	90	56	81.4
5	北村	85	78	87	70	77	79.4
6	田中	75	65	80	99	80	79.8
7	合計	245	233	253	259	213	240.6

平均を出すための「AVERAGE」関数を使えば、セルの範囲を指定するだけで平均点を表示してくれる。スッキリと明確に計算を補助してくれるのが「関数」の利点だ

No. 003 関数の引数を確認しながら入力するには

関数名と「(」をキーボードから手入力してから、[関数の挿入]ボタンをクリックすると[関数の引数]ダイアログボックスを表示できます。

1 ローン計算に使うPMT関数の引数がわからない場合、関数を設定するセルを選択して「=PMT(」と、関数名と「(」を入力

2 次に[関数の挿入]ボタンをクリック

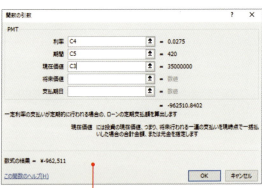

3 PMT関数の[関数の引数]ダイアログボックスが表示される。関数を呼び出すときに関数名の後の「(」から「)」の間に「引数」を記述する。引数には値や値が格納された変数、または式などを入れる

⊕ スキルアップ
さらに詳しい情報を調べるには

設定する関数についてさらに詳しい情報を調べたいときには、[関数の引数]ダイアログボックスの[この関数のヘルプ]をクリックします。すると、選択している関数のヘルプ画面が表示されるので、引数の内容や指定方法などを確認することができます。

No. 004 関数をキーボードから手動で入力するには

引数に入力する内容が大まかにわかっていれば、関数を直接手入力することもできます。

1 関数を入力したいセルを選択して「=PMT(」のように関数名と「(」を入力

2 入力した関数の引数がヒントで表示され、入力中の引数が太字で表示される

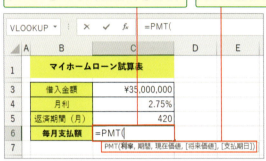

3 引数の順番を確認しながら、カンマ「,」で区切って、引数をセルに直接指定できる。セル番地を入力するには該当するセルをクリックする

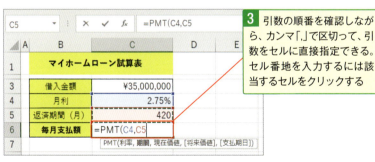

◆スキルアップ

関数のヘルプを参照するには

ヒントの左端に表示された関数名をクリックすると❶、その関数のヘルプ画面が表示されます。引数についてのより詳しい情報や関数の使い方をその場で調べたいときに役立ちます。

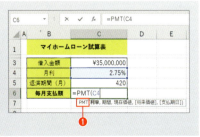

No. 005 目的に合った関数を見つけたい！

どの関数を利用するかわからない場合には、[関数の挿入]ダイアログボックスで関数を検索します。キーワードを指定すれば関数を検索できます。

1. 関数を設定するセルを選択して
2. [関数の挿入]ボタンをクリック
3. [関数の挿入]ダイアログボックスで[関数の検索]にキーワードを入力して
4. [検索開始]ボタンをクリック
5. 表示された関数名をクリックすると、下に説明が表示されるので、これを参考に関数を選択

6. [OK]ボタンをクリックすると、選択した関数の[関数の引数]ダイアログボックスが表示される

⊕トラブル解決

検索結果が表示されないときは

関数を検索するときに、[関数の検索]に入力したキーワードに合致する関数がない場合、検索結果が表示されません。このような場合は、別のキーワードを入力して、もう一度検索します。

No. 006 同じ関数を別のセルで利用できるの?

複数のセルに同じ関数を入力する場合、最初のセルに関数を入力しておき、設定した数式を別のセルにコピーします。

1. F4のセルをクリックして
2. 右下のフィルハンドルをF6のセルまでドラッグ
3. F4のセルに入力した関数がF5からF6までのセル範囲にコピーされる

⊕トラブル解決

書式が消えてしまったら

関数をコピーすると、コピー先のセルに設定していた書式が変更されてしまいます。罫線やセルの背景色などを元のまま残しておきたい場合には、オートフィルしたあとに表示される[オートフィルオプション]スマートタグ🖳をクリックして❶、表示される選択肢から[書式なしコピー (フィル)]を選択します❷。

第1章 関数のきほんのき

No. 007 複数のセルに関数を続けて入力するには

複数のセルに同じ関数を入力する場合、[関数の引数]で Ctrl キーを押しながら[OK]して、セル番地を相対的にずらします。

1 F4からF6までのセル範囲を選択して

2 [関数の挿入]ボタンをクリック

	A	B	C	D	E	F
1			社内英語検定結果			
2						
3	名前	ヒアリング	筆記	面接	合計	平均
4	松田	85	90	86	261	
5	北村	85	78	87	230	
6	田中	75	65	80	220	

F4 = AVERAGE(B4:D4)

関数の引数
AVERAGE
数値1 B4:D4 = {85,90,86}
数値2 = 数値

3 関数を指定し、[関数の引数]ダイアログボックスを表示

= 87
引数の平均値を返します。引数には、数値、数値を含む名前、配列、セル参照を指定できます。

4 F4のセルに関数を入力する場合の引数を指定し、Ctrl キーを押しながら[OK]ボタンをクリック

5 F4からF6までのセル範囲に、一括して関数が入力された

	A	B	C	D	E	F
1			社内英語検定結果			
2						
3	名前	ヒアリング	筆記	面接	合計	平均
4	松田	85	90	86	1	87
5	北村	85	78	87	230	83.33333
6	田中	75	65	80	220	73.33333

No.008 入力した関数の内容を確認するにはどうするの？

関数に設定した引数の内容を確認するには、関数が入力されたセルを選択して[関数の挿入]ボタンをクリックします。

1 関数を入力したセルを選択して

2 [関数の挿入]ボタンをクリック

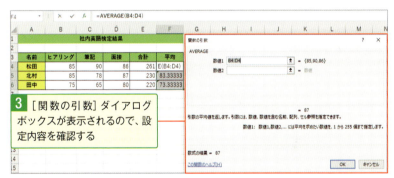

3 [関数の引数]ダイアログボックスが表示されるので、設定内容を確認する

◆スキルアップ

セル内で引数の参照箇所を確認するには

関数が入力されたセルを選択して F2 キーを押すと、セルに設定した数式が表示され、数式内で参照されているセルが色枠（カラーリファレンス）で囲まれます❶。引数の参照箇所だけを確かめたいときにはこのほうが手軽です。

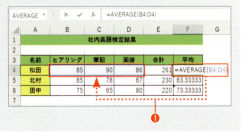

第1章 関数のきほんのき

No.009 引数のセル範囲を変更したい

数式バーで変更したいセル範囲をクリックし、表示されるカラーリファレンスをドラッグすると、簡単にセル範囲を拡大・縮小、移動ができます。

1 関数を入力したセルを選択して

2 数式バーのセル番地の部分をクリック

F4　=AVERAGE(B4:E4)

名前	ヒアリング	筆記	面接	速読	平均
松田	85	90	86	65	81.5
北村	65	78	87	58	72
田中	75	65	80	87	76.75

社内英語検定結果

3 セル範囲がカラーリファレンスで囲まれるので、角にマウスポインタを合わせてドラッグ。これでセル範囲を拡大・縮小できる

💡 マウスポインタが の状態でドラッグするとセル範囲を移動できます。

=AVERAGE(B4:E4)

名前	ヒアリング	筆記	面接	速読	平均
松田	85	90	86	65	=E(B4:E4)
北村	65	78	87	58	72
田中	75	65	80	87	76.75

⊕スキルアップ　スマートタグからでも変更できる

データを追加すると、関数が入力されたセルの左上に緑の三角が表示されることがあります。これをクリックして表示される[エラーチェックオプション]スマートタグ◆でもセル範囲を修正できます。[エラーチェックオプション]スマートタグ◆をクリックして❶、表示されるメニューから[数式を更新してセルを含める]を選択します❷。

社内英語検定結果					
名前	ヒアリング	筆記	面接	速読	平均
松田	85	90	86	❶	87
北村	65	78	87		
田中	75	65	80		

数式は隣接したセルを使用していません
数式を更新してセルを含める(U) ❷
このエラーに関するヘルプ(H)
エラーを無視する(I)
数式バーで編集(F)
エラー チェック オプション(O)...

No. 010 参照するセルを動かないように固定するには

参照先セルがずれないようにするには、セルを絶対参照にします。セル番地を指定したあとで[F4]キーを押します。セル番地には「$」が表示されます。

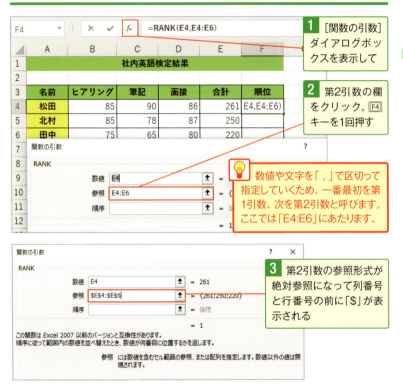

1 [関数の引数]ダイアログボックスを表示して

2 第2引数の欄をクリック。[F4]キーを1回押す

数値や文字を「,」で区切って指定していくため、一番最初を第1引数、次を第2引数と呼びます。ここでは「E4:E6」にあたります。

3 第2引数の参照形式が絶対参照になって列番号と行番号の前に「$」が表示される

◆スキルアップ

列番号、行番号だけを絶対参照にするには

関数をコピーしたときにセル番地の行番号、列番号だけを固定にすることもできます。[F4]キーを2回押すと「E$4」のように行番号だけが固定になり、3回押すと「$E4」のように列番号だけが固定になります。[F4]キーを4回押すと、「E4」のように相対参照に戻ります。

No. 011 関数に名前を付けて入力をラクにする

セル範囲に名前を付けておけば、引数に直接名前を指定できるので、関数の入力が楽になります。内容が類推できる名前にしましょう。

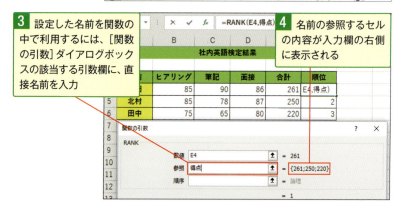

1 E4からE6までのセル範囲を選択して

2 名前ボックスに「得点」と入力。Enterキーを押すと、E4からE6までのセル範囲に[得点]という名前が付けられる

3 設定した名前を関数の中で利用するには、[関数の引数]ダイアログボックスの該当する引数欄に、直接名前を入力

4 名前の参照するセルの内容が入力欄の右側に表示される

⬆ スキルアップ

設定した名前を削除するには

[数式]タブから[名前の管理]ダイアログボックスを表示します。セル範囲に付けた名前が一覧表示されるので、削除したい名前を選択して❶、[削除]ボタンをクリックします❷。済んだら、[閉じる]ボタンをクリックします。

No.012 引数に別の関数を組み合わせることはできる?

引数に別の関数を指定するには、[関数の引数] ダイアログボックスを表示して名前ボックスから組み合わせ (ネスト) したい関数を選択します。

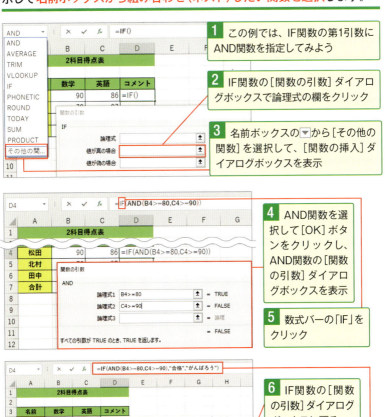

1. この例では、IF関数の第1引数にAND関数を指定してみよう
2. IF関数の[関数の引数]ダイアログボックスで論理式の欄をクリック
3. 名前ボックスの▼から[その他の関数]を選択して、[関数の挿入]ダイアログボックスを表示
4. AND関数を選択して[OK]ボタンをクリックし、AND関数の[関数の引数]ダイアログボックスを表示
5. 数式バーの「IF」をクリック
6. IF関数の[関数の引数]ダイアログボックスに戻る
7. 数式バーを見ると、IF関数の中にAND関数が組み合わされていることがわかる

025

No. 013 「表」のデータを関数に入れるには?

「配列」とは表形式のデータを、列をカンマ「,」で、行をセミコロン「;」で区切って表したもので、表全体を中カッコ「{}」で囲みます。

1 関数の引数に表を指定する場合、通常、シートに参照用の表を作成して、そのセル範囲を指定する

2 VLOOKUP関数の第2引数にA7からB9までのセル範囲を参照させてみよう

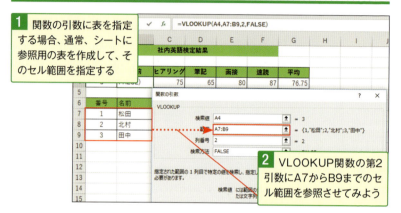

3 参照表を作りたくない場合、[関数の引数]ダイアログボックスで第2引数に、表の要素を順に入力し、全体を中カッコ「{}」で囲む

4 これで、シートに参照表を作らずに、引数に表形式のデータを指定できる

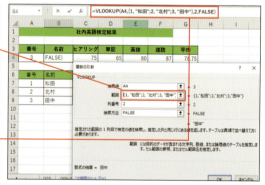

◆スキルアップ

列は「,」で、行は「;」で区切る

配列定数を入力する場合、列の区切りはカンマ「,」で、行の区切りはセミコロン「;」で置き換えてデータを入力します。なお、データに文字列を指定するときには、二重引用符「"」で囲みます。記号はいずれも半角で入力する点に注意が必要です。

No.014 複数のセルに入ったデータを一度に計算したい

「配列数式」とは、1つの数式の中で、対応する複数のセル範囲同士を計算するもので、数式全体が中カッコ「{ }」で囲まれます。

1 ここでは、B列、C列、D列の数値を行ごとに掛け算し、その結果をD6のセルに合計してみよう

2 D6のセルを選択して

3 [関数の挿入]ボタンをクリック

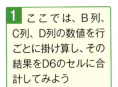

4 [関数の挿入]ダイアログボックスで、[関数の分類]に[数学/三角]を選択。[関数名]で[SUM]を選択して[OK]ボタンをクリック

5 [関数の引数]ダイアログボックスで[数値1]に「B2:B4*C2:C4*D2:D4」と入力し、Ctrlキー+Shiftキー+Enterキーを押す

💡 必ず Ctrl キー+ Shift キー+ Enter キーを押して数式を確定するのがポイントです。

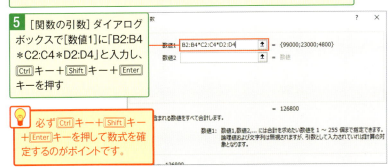

6 D6のセルに、行ごとに各列の値を掛け算した総合計が表示された

7 数式バーを見ると、関数全体が中カッコ「{ }」で囲まれていることがわかる

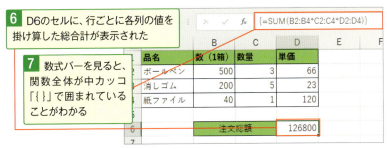

No. 015 もっと高度な関数を利用するには

関数の中には、アドインという追加プログラムに含まれているものもあります。これらの関数を利用するには、あらかじめアドインを組み込みます。

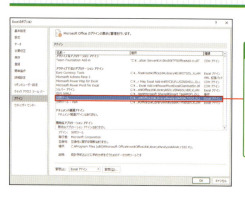

1 [分析ツール]アドインを組み込むには、[挿入]タブから[個人用アドイン]の[その他のアドインの管理]を選択してダイアログボックスを表示する。[分析ツール]を選択して、[OK]ボタンをクリック

2 これで専門的な関数を[関数の挿入]ダイアログボックスから挿入できるようになる(ただし、一部の関数を除く)

第2章

日付や時刻を扱う関数ワザ

ビジネスでExcelを使う上で欠かせない日付や時刻に関する関数の使い方を紹介していきます。日付や時刻はシリアル値と呼ばれる数値を使って行われています。起点日を元に、経過日数と時間を通算した値で示したものです。

No. 016 日付や時刻の計算のしくみを知りたい

Excelの日付や時刻の計算は、「シリアル値」という数値を使って行われます。シリアル値は整数部と小数部からなり立っています。

これを使おう 「シリアル値」という数値で計算される

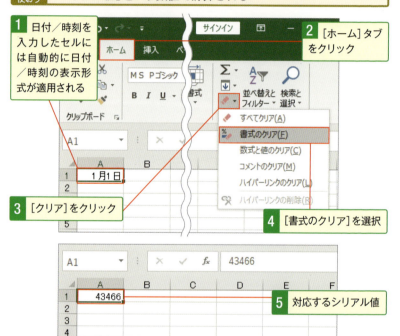

1. 日付／時刻を入力したセルには自動的に日付／時刻の表示形式が適用される
2. [ホーム]タブをクリック
3. [クリア]をクリック
4. [書式のクリア]を選択
5. 対応するシリアル値

◆スキルアップ

日付と時刻のシリアル値

1900/1/1～9999/12/31の日付が整数部の1～2958465を表します。1日の0時0分0秒～翌日の0時0分0秒までの時刻が、小数部の0.0～1.0に相当します。

No. 017 今日の日付を表示するには

今日の日付を自動的に表示するにはTODAY関数を使用します。ファイルを開くたびに更新されるので、確定した日付には使えません。

これを使おう =TODAY()

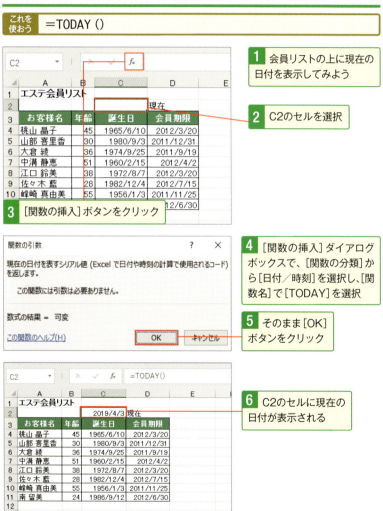

No. 018 現在の日付と時刻を表示するには

NOW関数は現在の日付と時刻を一緒に表示することができます。

これを使おう =NOW()

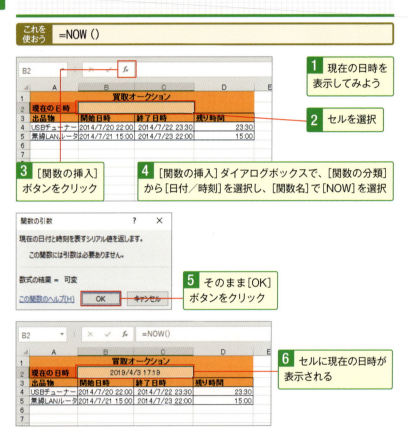

1. 現在の日時を表示してみよう
2. セルを選択
3. [関数の挿入]ボタンをクリック
4. [関数の挿入]ダイアログボックスで、[関数の分類]から[日付/時刻]を選択し、[関数名]で[NOW]を選択
5. そのまま[OK]ボタンをクリック
6. セルに現在の日時が表示される

◎ スキルアップ

時刻を更新する

NOW関数で表示された時刻は、ファイルを開いたままにしておくと自動で更新されません。ファイルを開いた状態で時刻を更新するにはF9キーを押します。

No.019 「2018年4月1日」のように年・月・日を表示したい

DATE関数は[年][月][日]に指定した数値やセル参照から日付のシリアル値を求め、日付の表示形式「yyyy／m／d」で表示できます。

これを使おう =DATE(年, 月, 日)

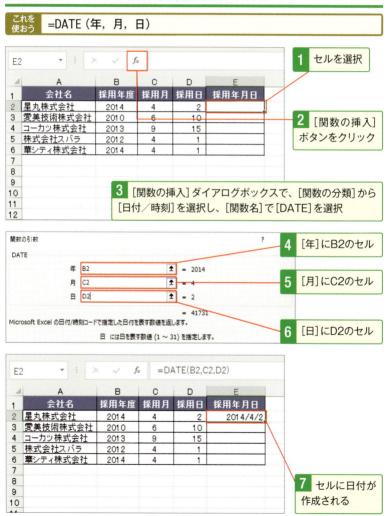

1. セルを選択
2. [関数の挿入]ボタンをクリック
3. [関数の挿入]ダイアログボックスで、[関数の分類]から[日付／時刻]を選択し、[関数名]で[DATE]を選択
4. [年]にB2のセル
5. [月]にC2のセル
6. [日]にD2のセル
7. セルに日付が作成される

No.020 2014年1月30日から「2014」だけ取り出すには？

YEAR関数は[シリアル値]に指定した日付から年を取り出します。日付を直接入力する場合は二重引用符「""」で囲みます。

これを使おう
=YEAR（シリアル値）
=MONTH（シリアル値）
=DAY（シリアル値）

1 セルを選択
2 [関数の挿入]ボタンをクリック
3 [関数の挿入]ダイアログボックスで、[関数の分類]から[日付／時刻]を選択し、[関数名]で[YEAR]を選択
4 [シリアル値]にE3のセルを指定

5 F3のセルに年が取り出された
6 入力された関数を下までコピー。同様に、MONTH関数で月を、DAY関数で日を取り出せる

No. 021 10時18分57秒を「10:18AM」と表示したい！

TIME関数は[時][分][秒]に指定した数値やセル参照から時刻のシリアル値を求め、時刻の表示形式「h:mm AM/PM」で表示できます。

これを使おう =TIME(時, 分, 秒)

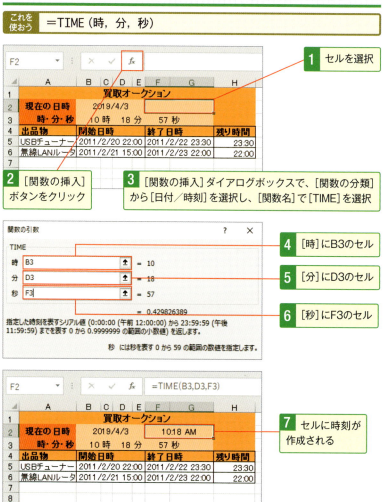

No. 022 実働「8:00」から「8」の時間だけを取り出したい

HOUR関数は[シリアル値]に指定した時刻から時を取り出します。時刻を直接入力する場合は二重引用符「""」で囲みます。

これを使おう
=HOUR(シリアル値)
=MINUTE(シリアル値)
=SECOND(シリアル値)

1 セルを選択

2 [関数の挿入]ボタンをクリック

3 [関数の挿入]ダイアログボックスで、[関数の分類]から[日付/時刻]を選択し、[関数名]で[HOUR]を選択

4 [シリアル値]にE4のセルを指定

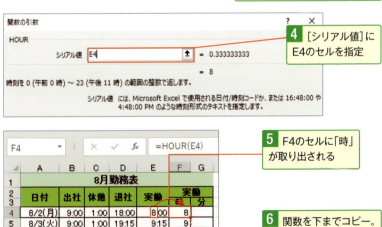

5 F4のセルに「時」が取り出される

6 関数を下までコピー。同様に、MINUTE関数で「分」を、SECOND関数で「秒」を取り出せる

No. 023 別のセルに入力された文字列から年・月・日を求めるには

DATEVALUE関数は、別々のセルに入力された年・月・日の文字列からシリアル値を求めます。

> これを使おう
> =DATEVALUE(日付文字列)
> =TIMEVALUE(時刻文字列)

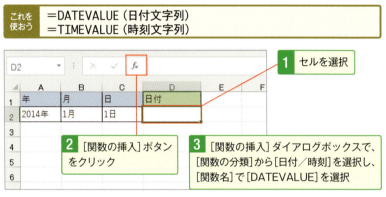

1. セルを選択
2. [関数の挿入]ボタンをクリック
3. [関数の挿入]ダイアログボックスで、[関数の分類]から[日付／時刻]を選択し、[関数名]で[DATEVALUE]を選択

4. [日付文字列]に、年が入力されているA2のセルを指定し、「&」を入力。さらにB2のセルを指定して「&」を入力し、C2のセルを指定

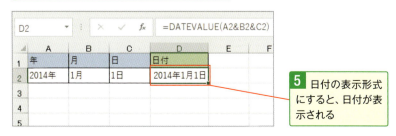

5. 日付の表示形式にすると、日付が表示される

No. 024 「9月1日」などの日付から曜日を表示させる

WEEKDAY関数は[シリアル値]に指定した日付から曜日を取り出し、[種類]に指定した方式で表示します。

> これを使おう　=WEEKDAY(シリアル値[, 種類])

[種類]に指定する値

種類	計算方法
1（省略）	日曜日～土曜日を1～7で返す
2	月曜日～日曜日を1～7で返す
3	月曜日～日曜日を0～6で返す

1 セルを選択
2 [関数の挿入]ボタンをクリック
3 [関数の挿入]ダイアログボックスで、[関数の分類]から[日付/時刻]を選択し、[関数名]で[WEEKDAY]を選択
4 [シリアル値]にA3のセルを指定

5 曜日が漢字1文字で表示

No. 025 「2014年」→「平成26年」で表示するには

DATESTRING関数は[シリアル値]に指定した日付を和暦の文字列に変換します。[関数の挿入]ダイアログボックスには用意されていません。

これを使おう =DATESTRING(シリアル値)

1. セルを選択して、「=DATESTRING(」と入力

💡 [シリアル値]にセル参照ではなく日付を入力する場合は二重引用符「""」で囲みます。

2. B2のセルを指定、「)」を入力して、Enterキーを押す

3. C2のセルに和暦の日付が表示

⊕スキルアップ
表示形式で日付を和暦にする

日付を和暦に変換するのはセルの表示形式を変更することでもできます。[セルの書式設定]ダイアログボックスの[表示形式]タブの[日付]を選択して表示される[カレンダーの種類]で[和暦]を選択して、[種類]から[平成24年3月14日]を選択します。

No.026 その日から何ヵ月後は何日?を知りたい!

EDATE関数は[開始日]に指定した日付から[月]に指定した月数後の日付を求めます。

これを使おう =EDATE（開始日, 月）

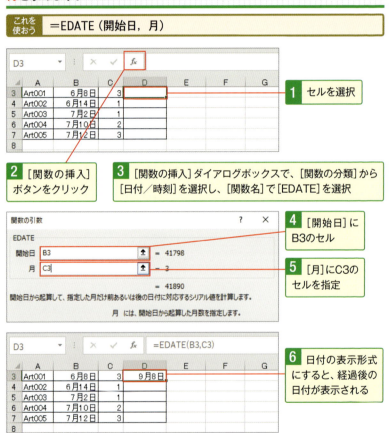

⊕スキルアップ

「何ヶ月前は何日?」を求めるには

[月]に負の数値を指定すると、指定した月数前の日付のシリアル値が求められます。

No. 027 締めで使うと便利！特定日の「月末日」を求める

EOMONTH関数は[開始日]に指定した日付から[月]に指定した月数後の月末日を求めます。

これを使おう =EOMONTH(開始日, 月)

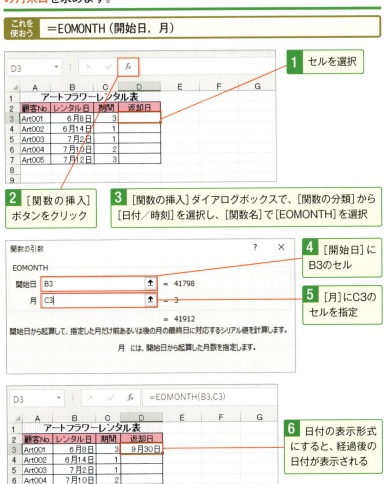

No.028 開始日から終了日までの年数を求めるには

DATEDIF関数は[開始日]に指定した日付から[終了日]に指定した日付までの期間を[単位]に指定した形式で求めます。

これを使おう =DATEDIF(開始日, 終了日, 単位)

[単位]の指定と求められる期間

単位	内容
"Y"	0以上の整数で満年数を求める
"M"	0以上の整数で満月数を求める
"D"	0以上の整数で満日数を求める
"YM"	0〜11までの整数で1年未満の月数を求める
"YD"	0〜365までの整数で1年未満の日数を求める
"MD"	0〜30までの整数で1ヵ月未満の日数を求める

💡 [単位]は二重引用符[""]で必ず囲んで指定します。

1 [関数の挿入]ダイアログボックスには用意されていないため、セルに直接入力して使用する

2 セルを選択して、「=DATEDIF(B3, C3, "Y")」と入力

3 開始日と終了日の間の満年数が求められた

No. 029 開始日から終了日までの土日祝日を除く営業日を知りたい

NETWORKDAYS関数は[開始日]に指定した日付から[終了日]の日付までの期間から、土日と[祭日]に指定した日付を除いた日数を求めます。

これを使おう =NETWORKDAYS(開始日, 終了日[, 祭日])

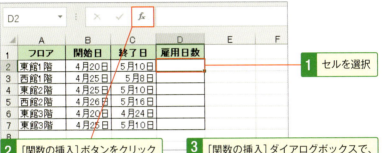

1. セルを選択
2. [関数の挿入]ボタンをクリック
3. [関数の挿入]ダイアログボックスで、[関数の分類]から[日付/時刻]を選択し、[関数名]で[NETWORKDAYS]を選択

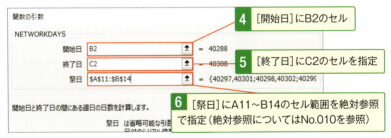

4. [開始日]にB2のセル
5. [終了日]にC2のセルを指定
6. [祭日]にA11~B14のセル範囲を絶対参照で指定(絶対参照についてはNo.010を参照)

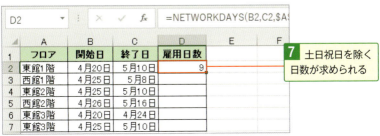

7. 土日祝日を除く日数が求められる

No. 030 「土日祝を除いた営業日＋7日後」などの期限日を設けるには

WORKDAY関数は土日と[祭日]に指定した日付を除き、[開始日]に指定した日付から[日数]に指定した日数後または前の日付を求めます。

これを使おう =WORKDAY(開始日,日数[,祭日])

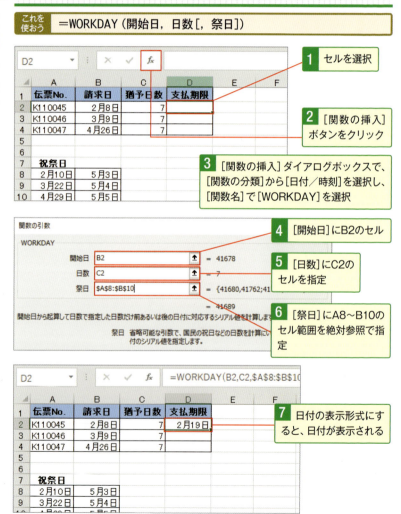

No.031 指定した日付がその年の何週目にあたるかを求めるには

WEEKNUM関数は[シリアル値]に指定した日付が、その年の1月1日の週から数えて何週目にあたるかを求めます。

これを使おう =WEEKNUM(シリアル値[,週の基準])

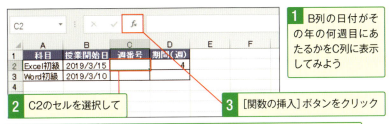

1 B列の日付がその年の何週目にあたるかをC列に表示してみよう

2 C2のセルを選択して

3 [関数の挿入]ボタンをクリック

4 [関数の挿入]ダイアログボックスで、[関数の分類]に[日付/時刻]を選択。[関数名]で[WEEKNUM]を選択して[OK]ボタンをクリック

5 [関数の引数]ダイアログボックスで、[シリアル値]に調べたい日付を入力したB2のセルを指定

6 [週の基準]は、下表を参考に指定し、省略すると日曜日を週の開始日として計算される

7 C2のセルに、結果が表示される

◎スキルアップ

アドインをインストールしておこう

利用には[分析ツール]アドインのインストールが必要です(No.015参照)。

No.032 指定した期間が1年間に占める割合を求めたい

YEARFRAC関数は[開始日]から[終了日]までの期間の日数が、1年を「1」としたときに占める割合を小数で表示します。

これを使おう =YEARFRAC(開始日, 終了日 [, 基準])

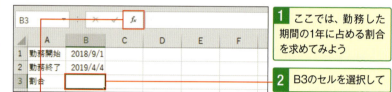

1. ここでは、勤務した期間の1年に占める割合を求めてみよう
2. B3のセルを選択して
3. [関数の挿入]ボタンをクリック
4. [関数の挿入]ダイアログボックスで、[関数の分類]に[日付／時刻]を選択。[関数名]で[YEARFRAC]を選択して[OK]ボタンをクリック

5. [関数の引数]ダイアログボックスで[開始日]にB1のセルを指定
6. [終了日]にB2のセルを指定
7. [基準]に「1」と入力して[OK]ボタンをクリック

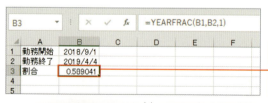

8. セルに1年に占める割合が小数で表示される

9. これを%で表すには、[ホーム]タブの[パーセントスタイル]ボタン%をクリックする

第3章
数学／三角関数で数値を扱うワザ

この章では数学／三角関数について紹介していきましょう。数学・三角関数と聞くと難しく感じるかもしれませんが、みなさんが業務でよく利用する売り上げの合計などを扱った関数です。覚えておくと時短にも役立つ便利な関数です。

No.033 売上などの数値を合計するには

SUM関数は[数値]に指定した数値を合計する関数です。255個までの引数をカンマ「,」で区切って指定できます。

> これを使おう =SUM(数値1[,数値2,・・・,数値255])

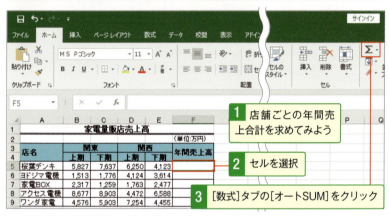

1 店舗ごとの年間売上合計を求めてみよう
2 セルを選択
3 [数式]タブの[オートSUM]をクリック

4 SUM関数が自動で作成され、隣接するセル範囲が指定される。間違っている場合はドラッグして指定し直し、Enterキーを押す

5 「桜葉デンキ」の年間売上合計が求められる

No. 034 条件に当てはまる数値を合計するには

SUMIF関数は[範囲]に指定したセル範囲の中から[検索条件]に当てはまるセルを検索し、該当するセルと同じ行(または列)にある値を合計します。

これを使おう =SUMIF(範囲,検索条件[,合計範囲])

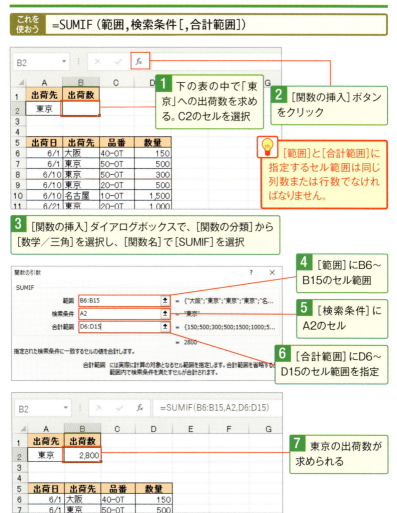

1. 下の表の中で「東京」への出荷数を求める。C2のセルを選択
2. [関数の挿入]ボタンをクリック

💡 [範囲]と[合計範囲]に指定するセル範囲は同じ列数または行数でなければなりません。

3. [関数の挿入]ダイアログボックスで、[関数の分類]から[数学/三角]を選択し、[関数名]で[SUMIF]を選択
4. [範囲]にB6~B15のセル範囲
5. [検索条件]にA2のセル
6. [合計範囲]にD6~D15のセル範囲を指定
7. 東京の出荷数が求められる

No.035 いろいろな条件を満たす数値を合計するには

SUMIFS関数は[条件範囲]に指定したセル範囲の中から[条件]に当てはまるセルを検索し、該当するセルと同じ行（または列）にある値を合計します。

これを使おう　=SUMIFS（合計対象範囲,条件範囲1,条件1,・・・[,条件範囲127,条件127]）

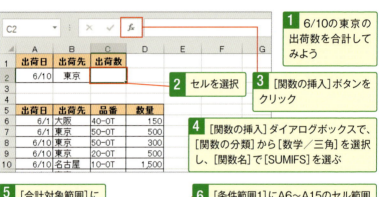

1 6/10の東京の出荷数を合計してみよう

2 セルを選択

3 [関数の挿入]ボタンをクリック

4 [関数の挿入]ダイアログボックスで、[関数の分類]から[数学／三角]を選択し、[関数名]で[SUMIFS]を選ぶ

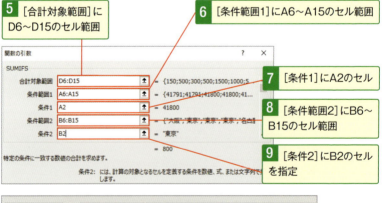

5 [合計対象範囲]にD6～D15のセル範囲

6 [条件範囲1]にA6～A15のセル範囲

7 [条件1]にA2のセル

8 [条件範囲2]にB6～B15のセル範囲

9 [条件2]にB2のセルを指定

10 6/10の東京の出荷数が求められる

No.036 選択したセルの積（掛け算の結果）を知りたい！

PRODUCT関数は[数値]に指定した値の積を求めます。使い方はSUM関数と同じです。

> **これを使おう** =PRODUCT(数値1[,数値2,・・・,数値255])

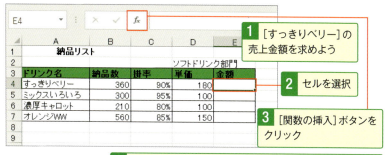

1. [すっきりベリー]の売上金額を求めよう
2. セルを選択
3. [関数の挿入]ボタンをクリック
4. [関数の挿入]ダイアログボックスで、[関数の分類]から[数学／三角]を選択し、[関数名]で[PRODUCT]を選択

5. [数値1]にB4～D4のセル範囲を指定
6. 金額が求められる

No. 037 1ヶ月分の数量×単価の合計を求めるには?

SUMPRODUCT関数は[配列]に指定した範囲の積を合計します。[配列]には行数または列数が同じのセル範囲や配列定数を指定します。

これを使おう =SUMPRODUCT(配列1 [,配列2,・・・,配列255])

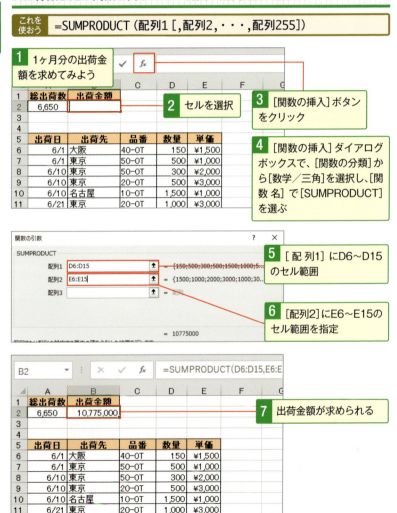

1 1ヶ月分の出荷金額を求めてみよう

2 セルを選択

3 [関数の挿入]ボタンをクリック

4 [関数の挿入]ダイアログボックスで、[関数の分類]から[数学/三角]を選択し、[関数名]で[SUMPRODUCT]を選ぶ

5 [配列1]にD6~D15のセル範囲

6 [配列2]にE6~E15のセル範囲を指定

7 出荷金額が求められる

No.038 集計方法を決めてデータを集計するには

SUBTOTAL関数は[集計方法]に決めた方法で[参照(範囲)]に指定した値を合計します。

これを使おう =SUBTOTAL(集計方法,参照1[,参照2‥,参照254])

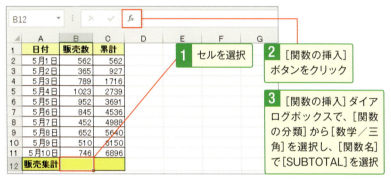

1. セルを選択
2. [関数の挿入]ボタンをクリック
3. [関数の挿入]ダイアログボックスで、[関数の分類]から[数学/三角]を選択し、[関数名]で[SUBTOTAL]を選択

4. 合計するには[集計方法]に「合計」を意味する「9」と入力
5. [参照1]にB2~B11のセル範囲を指定

[集計方法]で指定する数値と集計方法

集計方法	集計内容
1(101)	平均
2(102)	数値の個数
3(103)	空白以外のデータの個数
4(104)	最大値
5(105)	最小値
6(106)	乗算
7(107)	標本標準偏差
8(108)	母集団の標準偏差
9(109)	合計
10(110)	標本分散
11(111)	母集団の分散

※集計方法の101~111では、非表示の行がある場合、表示されている行だけを集計します。

6. 「9」の合計を指定したため、販売数の合計が求められる

No. 039 好きな桁数になるように四捨五入・切り上げするには

ROUND関数は[数値]を指定の桁になるように四捨五入します。表示する桁数は数値で指定します。

| これを使おう | =ROUND(数値,桁数)
=ROUNDUP(数値,桁数) |

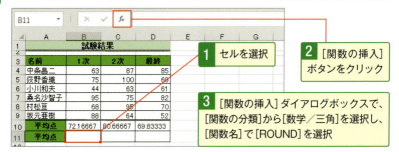

1. セルを選択
2. [関数の挿入]ボタンをクリック
3. [関数の挿入]ダイアログボックスで、[関数の分類]から[数学／三角]を選択し、[関数名]で[ROUND]を選択
4. [数値]にB10のセルを指定
5. 小数点以下第2位で表示するため[桁数]に「2」と入力

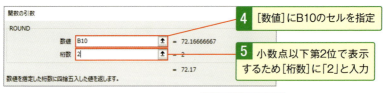

6. 四捨五入した結果が求められるので、関数を右にコピー

💡 同様にして、ROUNDUP関数では切り上げて指定の桁ができる。

⊕スキルアップ
[桁数]の数値と表示する桁

桁数	求められる桁
2	小数点以下第2位
1	小数点以下第1位
0	一の位

桁数	求められる桁
-1	十の位
-2	百の位
-3	千の位

No.040 好きな桁数になるように切り捨てるには

ROUNDDOWN関数は[数値]を指定の桁になるように切り捨てます。

これを使おう
=ROUNDDOWN(数値,桁数)
=TRUNC(数値[,桁数])

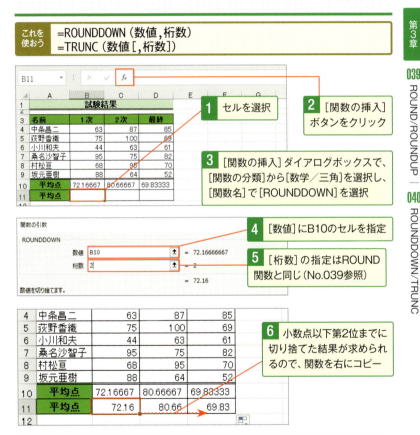

◎スキルアップ
TRUNC関数では

TRUNC関数も同様にして切り捨てを行う関数です。TRUNC関数では[桁数]を省略することができ、省略時は小数点以下を切り捨てて整数部を表示します。

No. 041 数値の小数部分を切り捨ててキレイな整数にするには

INT関数は[数値]に指定した数値の小数点以下を切り捨てて整数にします。負の値を[数値]に指定すると、その数値を超えない最大の整数が求められます。

これを使おう =INT(数値)

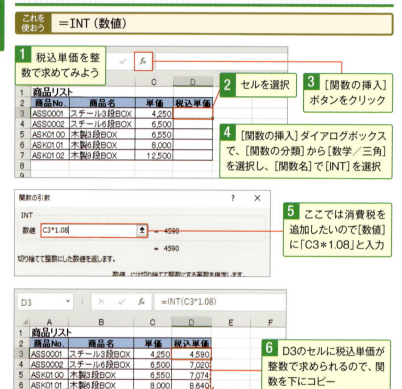

1 税込単価を整数で求めてみよう
2 セルを選択
3 [関数の挿入]ボタンをクリック
4 [関数の挿入]ダイアログボックスで、[関数の分類]から[数学/三角]を選択し、[関数名]で[INT]を選択
5 ここでは消費税を追加したいので[数値]に「C3*1.08」と入力
6 D3のセルに税込単価が整数で求められるので、関数を下にコピー

↑スキルアップ

TRUNC関数では

No.040のTRUNC関数でも[桁数]を省略すると小数点以下を切り捨てて整数にできますが、[数値]に負の数値を指定すると結果が異なります。

No. 042 納品数が基準値の倍数になるように切り上げ・切り捨てするには

CEILING関数は[数値]に指定した数値を[基準値]に指定した数値の倍数になるように切り上げます。

これを使おう
=CEILING(数値, 基準値)
=FLOOR(数値, 基準値)

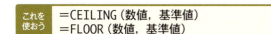

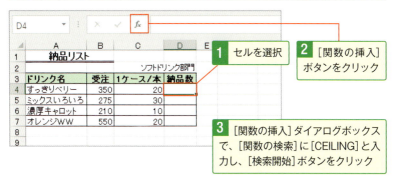

1 セルを選択
2 [関数の挿入]ボタンをクリック
3 [関数の挿入]ダイアログボックスで、[関数の検索]に[CEILING]と入力し、[検索開始]ボタンをクリック

4 [数値]にB4のセル
5 [基準値]にC4のセルを指定

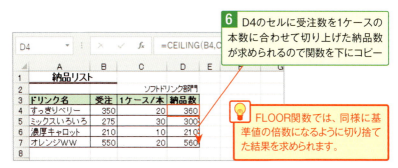

6 D4のセルに受注数を1ケースの本数に合わせて切り上げた納品数が求められるので関数を下にコピー

💡 FLOOR関数では、同様に基準値の倍数になるように切り捨てた結果を求められます。

No. 043 勤務時間などの数値を15分単位で切り上げ・切り捨てするには

MROUND関数は[数値]に指定した数値を[倍数]に指定した数値の倍数になるように切り上げまたは切り捨てします。

これを使おう =MROUND(数値, 倍数)

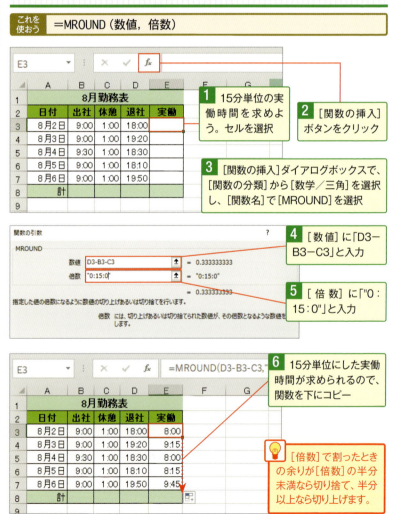

No.044 数値を切り上げてもっとも近い偶数や奇数にしたい

EVEN関数は[数値]に指定した数値を切り上げてその数値にもっとも近い偶数にします。

これを使おう
=EVEN(数値)
=ODD(数値)

1 2冊セットの納品数を求めてみよう

2 セルを選択

3 [関数の挿入]ボタンをクリック

4 [関数の挿入]ダイアログボックスで、[関数の分類]から[数学/三角]を選択し、[関数名]で[EVEN]を選択

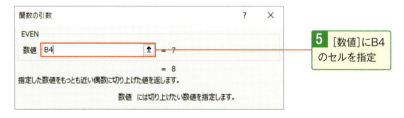

5 [数値]にB4のセルを指定

6 2冊セットの納品数が求められるので、関数を下にコピー

💡 [数値]が正の場合はその数値以上で最小の偶数、負の場合はその数値以下で最大の偶数が求められます。

No. 045 割り算したときの結果をすっきりした整数で知りたい

QUOTIENT関数は[分子]を[分母]で割ったときの割り算の結果を余り（少数部）を切り捨てて表示します。

> これを使おう　=QUOTIENT（分子，分母）

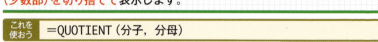

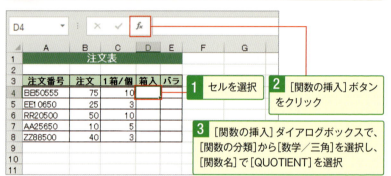

1. セルを選択
2. [関数の挿入]ボタンをクリック
3. [関数の挿入]ダイアログボックスで、[関数の分類]から[数学/三角]を選択し、[関数名]で[QUOTIENT]を選択
4. [分子]にB4のセル
5. [分母]にC4のセルを指定

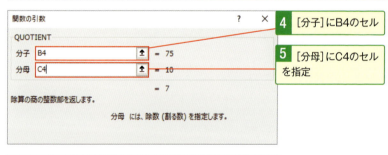

6. 整数で結果が求められるので、関数を下にコピー

No.046 割り算したときの余りを求めるには

MOD関数は[数値]を[除数]で割ったときの余りを求めます。[数値]に割り算の分子にする値、[除数]に割り算の分母にする値を指定します。

これを使おう =MOD(数値, 除数)

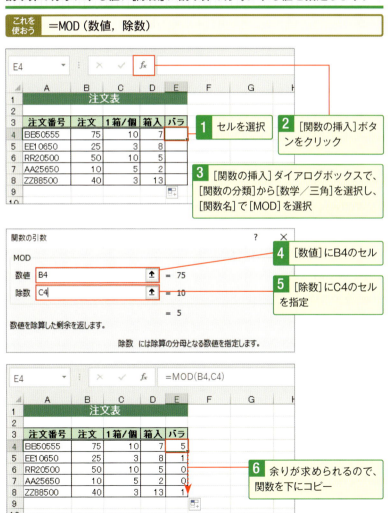

1. セルを選択
2. [関数の挿入]ボタンをクリック
3. [関数の挿入]ダイアログボックスで、[関数の分類]から[数学/三角]を選択し、[関数名]で[MOD]を選択
4. [数値]にB4のセル
5. [除数]にC4のセルを指定
6. 余りが求められるので、関数を下にコピー

No. 047 最大公約数・最小公倍数を求めるには

GCD関数は引数として指定した整数の最大公約数を求めます。

```
これを   =GCD(数値1 [, 数値2,・・・, 数値255])
使おう   =LCM(数値1 [, 数値2,・・・, 数値255])
```

1 セルを選択
2 [関数の挿入]ボタンをクリック
3 [関数の挿入]ダイアログボックスで、[関数の分類]から[数学/三角]を選択。[関数名]で[GCD]を選択

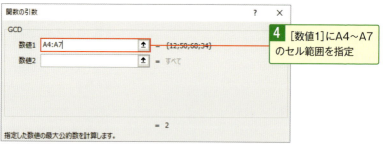

4 [数値1]にA4～A7のセル範囲を指定

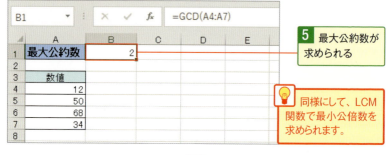

5 最大公約数が求められる

💡 同様にして、LCM関数で最小公倍数を求められます。

No.048 異なる10枚のカードから2枚選んだときの組み合わせ数を知りたい

COMBIN関数は[総数]から[抜き取り数]を抜き出したときに何種類の組み合わせ（抜き出す順番は考慮に入れない）があるかを求めます。

> **これを使おう**
> ＝COMBIN（総数，抜き取り数）
> ＝PERMUT（標本数，抜き取り数）

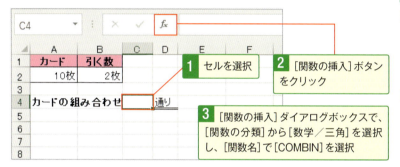

1. セルを選択
2. [関数の挿入]ボタンをクリック
3. [関数の挿入]ダイアログボックスで、[関数の分類]から[数学／三角]を選択し、[関数名]で[COMBIN]を選択

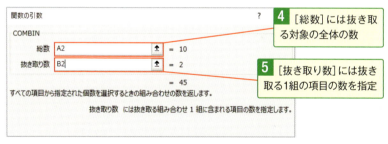

4. [総数]には抜き取る対象の全体の数
5. [抜き取り数]には抜き取る1組の項目の数を指定

6. 組み合わせの数が求められる

💡 順列（抜き出す順番も考慮に入れる）を求めるにはPERMUT関数を使います。

No. 049 数値から絶対値（正・負を取り除いた単純な値）を求めるには

ABS関数は[数値]に指定した数値の絶対値（正負の符号を取り除いた値）を求めます。

これを使おう =ABS(数値)

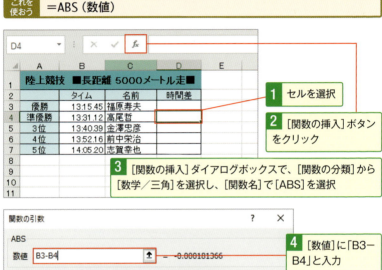

1. セルを選択
2. [関数の挿入]ボタンをクリック
3. [関数の挿入]ダイアログボックスで、[関数の分類]から[数学／三角]を選択し、[関数名]で[ABS]を選択
4. [数値]に「B3－B4」と入力

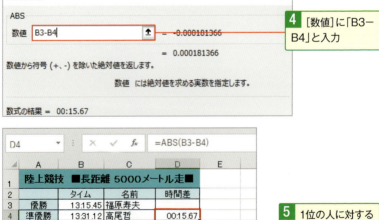

5. 1位の人に対するタイム差の絶対値が求められるので、関数を下にコピー

No. 050 数値の正・負を調べるには

SIGN関数は[数値]に指定した数値の符号を求めます。数値が正の数の場合は「1」、負の数の場合は「-1」、0の場合は「0」が返されます。

これを使おう =SIGN(数値)

1. セルを選択
2. [関数の挿入]ボタンをクリック
3. [関数の挿入]ダイアログボックスで、[関数の分類]から[数学／三角]を選択し、[関数名]で[SIGN]を選択

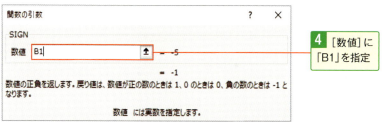

4. [数値]に「B1」を指定

5. 正負の符号が求められるので、関数を右にコピー

❶ スキルアップ

[#VALUE !]や[0]が返された場合

[数値]に文字列を指定するとエラー値[#VALUE !]が返され、空白のセルを指定すると[0]が返されます。

No. 051 数値の正の平方根（ルート）を求めるには

SQRT関数は[数値]に指定した数値の正の平方根を求めます。

これを使おう =SQRT(数値)

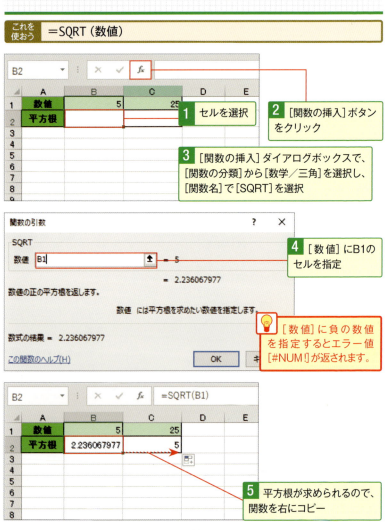

1. セルを選択
2. [関数の挿入]ボタンをクリック
3. [関数の挿入]ダイアログボックスで、[関数の分類]から[数学／三角]を選択し、[関数名]で[SQRT]を選択
4. [数値]にB1のセルを指定
5. 平方根が求められるので、関数を右にコピー

💡 [数値]に負の数値を指定するとエラー値[#NUM!]が返されます。

No. 052 数値のべき乗を求めるには

POWER関数は数値のべき乗を求めます。[数値]にはべき乗の底を指定し、[指数]にはべき乗の指数を指定します。

> **これを使おう** ＝POWER（数値, 指数）

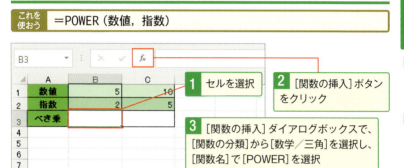

1. セルを選択
2. [関数の挿入]ボタンをクリック
3. [関数の挿入]ダイアログボックスで、[関数の分類]から[数学／三角]を選択し、[関数名]で[POWER]を選択

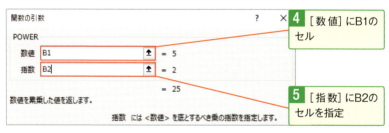

4. [数値]にB1のセル
5. [指数]にB2のセルを指定

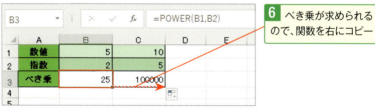

6. べき乗が求められるので、関数を右にコピー

♦ スキルアップ

引数に0を指定した場合

[数値]は省略できますが、省略すると[0]が指定された場合と同じになります。[数値]と[指数]の両方に[0]を指定すると、エラー値[#NUM！]が返されます。

No.053 簡単に円周率を求めるには

PI関数は円周率の近似値を15桁の精度（3.14159265358979）で返します。引数は不要です。

これを使おう =PI()

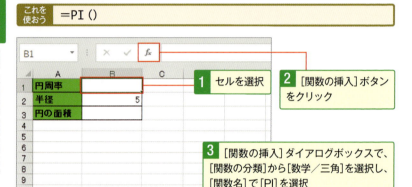

1. セルを選択
2. [関数の挿入]ボタンをクリック
3. [関数の挿入]ダイアログボックスで、[関数の分類]から[数学／三角]を選択し、[関数名]で[PI]を選択

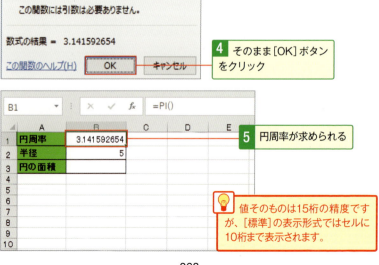

4. そのまま[OK]ボタンをクリック
5. 円周率が求められる

💡 値そのものは15桁の精度ですが、[標準]の表示形式ではセルに10桁まで表示されます。

No.054 角度をラジアン単位に変換するには

RADIANS関数は[角度]に指定した度単位の角度をラジアン単位に変換します。

これを使おう
=RADIANS(角度)
=DEGREES(角度)

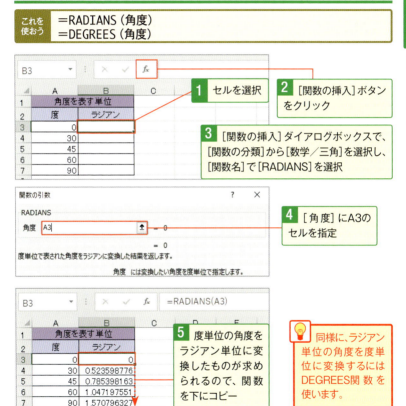

1. セルを選択
2. [関数の挿入]ボタンをクリック
3. [関数の挿入]ダイアログボックスで、[関数の分類]から[数学/三角]を選択し、[関数名]で[RADIANS]を選択
4. [角度]にA3のセルを指定
5. 度単位の角度をラジアン単位に変換したものが求められるので、関数を下にコピー

💡 同様に、ラジアン単位の角度を度単位に変換するにはDEGREES関数を使います。

⊕スキルアップ

ラジアン単位とは

ラジアン単位とは、360°を2πとして換算し角度を表す方法です。Excelの三角関数(SIN関数/COS関数/TAN関数など)ではラジアン単位の角度を使用します。

No. 055 三角関数 (sin, cos, tan) を利用するには

三角関数の正弦値（サイン）を求めるには、SIN関数を使います。引数の角度はラジアン単位の値で指定します。

```
これを    =SIN(数値)
使おう   =COS(数値)
         =TAN(数値)
```

	A	B	C	D
1	三角関数の値			
2	角度	正弦(SIN)	余弦(COS)	正接(TAN)
3	30			
4	60			
5	90			

1 セルを選択

2 [関数の挿入]ボタンをクリック

3 [関数の挿入]ダイアログボックスで、[関数の分類]から[数学/三角]を選択し、[関数名]で[SIN]を選択

4 [数値]に「RADIANS(A3)」と入力（No.054参照）。これはA3のセルに度単位で入力されている角度をラジアン単位に変換して引数とするという指定

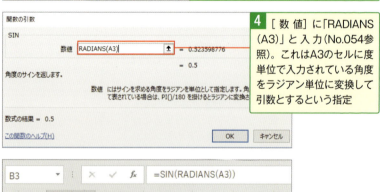

5 正弦値が求められるので、関数を下にコピー

No. 056 0以上1未満の範囲で乱数を発生させるには

RAND関数は0以上1未満の範囲で乱数を発生させる関数です。引数は不要です。

これを使おう =RAND()

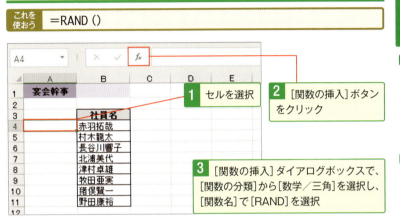

1 セルを選択
2 [関数の挿入]ボタンをクリック
3 [関数の挿入]ダイアログボックスで、[関数の分類]から[数学／三角]を選択し、[関数名]で[RAND]を選択

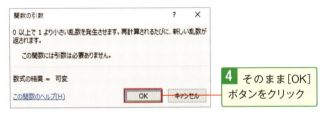

4 そのまま[OK]ボタンをクリック

5 乱数が発生した。ほかの名前の横にも乱数を発生させるには、関数をコピーする

No. 057 乱数を発生させてランダムに抽選番号を決定したい

RANDBETWEEN関数は[最小値]から[最大値]の範囲内で整数値の乱数を発生させます。

これを使おう =RANDBETWEEN(最小値, 最大値)

1. セルを選択
2. [関数の挿入]ボタンをクリック
3. [関数の挿入]ダイアログボックスで、[関数の分類]から[数学/三角]を選択し、[関数名]で[RANDBETWEEN]を選択

4. [最小値]に「10000」と入力
5. [最大値]に「10005」と入力

6. 指定の範囲の乱数が発生。乱数はシートの再計算のたびに更新される

第4章
統計関数でデータを解析するワザ！

上司から顧客情報の入ったExcelのデータを渡されて「○○地区の100件以上の平均契約数」を出しておいて！なんて頼まれたことはないでしょうか？統計関数は手元にあるデータを上手に活用することができる関数です。

No. 058 複数のデータの平均を調べるには

AVERAGE関数は指定した数値の平均を求めます。

> これを使おう　=AVERAGE（数値1 [, 数値2,・・・, 数値255]）

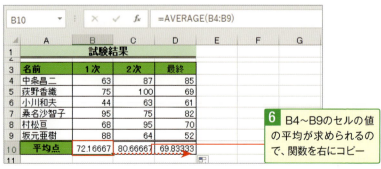

No.059 文字や空欄も含めた平均を求めるには

AVERAGEA関数もデータの平均を求めます。文字列、空白文字列「""」、FALSE（論理値）は「0」、TRUE（論理値）は「1」として平均が求められます。

> **これを使おう** ＝AVERAGEA（値1 [, 値2, ・・・, 値255]）

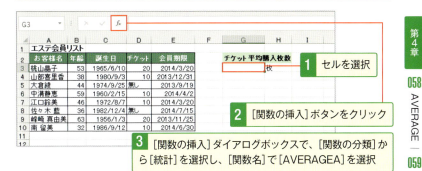

1. セルを選択
2. [関数の挿入]ボタンをクリック
3. [関数の挿入]ダイアログボックスで、[関数の分類]から[統計]を選択し、[関数名]で[AVERAGEA]を選択

4. [値1]にD3〜D10のセル範囲を指定

5. チケット「無し」を0としたときの平均購入枚数が求められる

◆スキルアップ

AVERAGE関数の場合

AVERAGE関数の場合は文字列セルを除いて平均を求めるため、この場合は平均購入枚数が「13.33…」になります。

No.060 「Aさん」の「売上成績の平均」など条件を満たす数値の平均

AVERAGEIF関数は[範囲]に指定したセル範囲の中から[条件]に該当するセルを検索し、該当するセルと同じ行(または列)にある値の平均を求めます。

> これを使おう =AVERAGEIF(範囲, 条件[, 平均対象範囲])

1 セルを選択
2 [関数の挿入]ボタンをクリック
3 [関数の挿入]ダイアログボックスで、[関数の分類]から[統計]を選択し、[関数名]で[AVERAGEIF]を選択

💡 平均する範囲は[平均対象範囲]で指定します。[範囲]と[平均対象範囲]に指定するセル範囲は同じ列数または行数でなければなりません。

4 [範囲]にB3~B15のセル範囲
5 [条件]にG2のセル
6 [平均対象範囲]にD3~D15のセル範囲を指定
7 G2(安田千佳)のセルの条件を満たす平均契約数が求められる

No. 061 「北区」で「100件以上」の「平均契約数」など複数の条件の平均

AVERAGEIFS関数は[条件範囲]の中から[条件]に該当するセルを検索し、該当するセルと同じ行(または列)にある値の平均を求めます。

これを使おう
=AVERAGEIFS(平均対象範囲,条件範囲1,条件1[,条件範囲2,条件2,…,条件範囲127,条件127])

1 セルを選択
2 [関数の挿入]ボタンをクリック
3 [関数の挿入]ダイアログボックスで、[関数の分類]から[統計]を選択し、[関数名]で[AVERAGEIFS]を選択

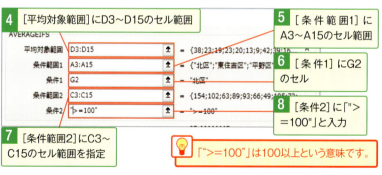

4 [平均対象範囲]にD3~D15のセル範囲
5 [条件範囲1]にA3~A15のセル範囲
6 [条件1]にG2のセル
7 [条件範囲2]にC3~C15のセル範囲を指定
8 [条件2]に「">=100"」と入力

💡 「">=100"」は100以上という意味です。

9 北区の電話件数100以上の平均契約数が求められる

No. 062 データの上位と下位から指定の割合を除いた平均を知りたい

TRIMMEAN関数は[配列]に指定したデータの上位と下位から[割合]で指定したデータを除いて平均を求めます。

これを使おう =TRIMMEAN（配列, 割合）

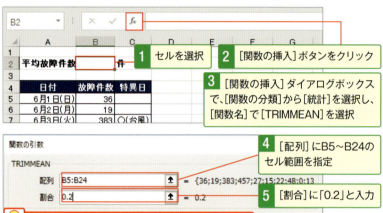

[割合]には「20%」のように「%」でも指定できます。

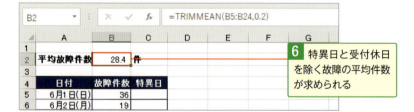

⊕ スキルアップ

指定の割合とは？

10名のデータに対して「0.2」を指定した場合、最高値と最低値の2名を除いた8名の平均が求められます。[割合]には「0」以上「1」以下の数値または「%」を付けた数値で指定します。

No.063 標準偏差を求めるには

STDEV.S関数は[数値]に指定した数値データを標本とし、標本に基づいた母集団の標準偏差の推定値を求めます。

これを使おう
=STDEV.S(数値1 [, 数値2, ・・・, 数値254])
=STDEV.P(数値1 [, 数値2, ・・・数値254])

1 セルを選択
2 [関数の挿入]ボタンをクリック
3 [関数の挿入]ダイアログボックスで、[関数の分類]から[統計]を選択し、[関数名]で[STDEV.S]を選択

4 [数値1]にE5～E10のセル範囲を指定
5 母集団の標準偏差の推定値が求められる

💡 同様に、引数を母集団全体とし母集団の標準偏差を求めるにはSTDEV.P関数を使います。

No.064 指定したセルの中にある「数値」の個数を知りたい

COUNT関数は[値]に指定したセル範囲に入力されている数値の個数を求めます。数値そのものではなく、何か数値が入っていれば「1」と見なします。

> **これを使おう** =COUNT(値1 [, 値2,・・・, 値255])

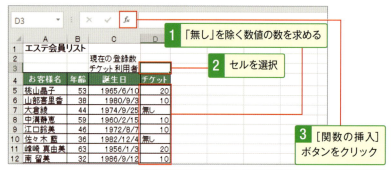

1 「無し」を除く数値の数を求める
2 セルを選択
3 [関数の挿入]ボタンをクリック
4 [関数の挿入]ダイアログボックスで、[関数の分類]から[統計]を選択し、[関数名]で[COUNT]を選択

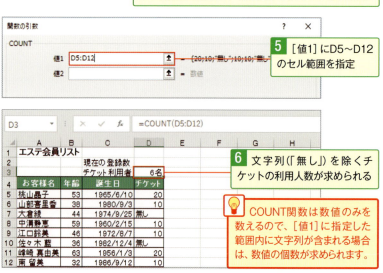

5 [値1]にD5～D12のセル範囲を指定
6 文字列(「無し」)を除くチケットの利用人数が求められる

💡 COUNT関数は数値のみを数えるので、[値1]に指定した範囲内に文字列が含まれる場合は、数値の個数が求められます。

No. 065 空白を除くデータの個数を求めたい

COUNTA関数は[値]に指定した空白以外のデータの個数を求めます。数値、文字列すべてを「1」と見なしてカウントします。

これを使おう =COUNTA(値1 [, 値2, ・・・, 値255])

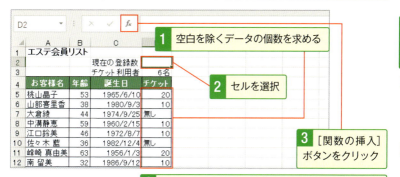

1. 空白を除くデータの個数を求める
2. セルを選択
3. [関数の挿入]ボタンをクリック
4. [関数の挿入]ダイアログボックスで、[関数の分類]から[統計]を選択し、[関数名]で[COUNTA]を選択

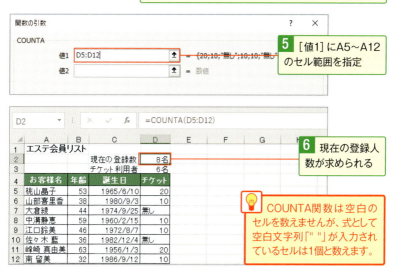

5. [値1]にA5～A12のセル範囲を指定
6. 現在の登録人数が求められる

💡 COUNTA関数は空白のセルを数えませんが、式として空白文字列「" "」が入力されているセルは1個と数えます。

No. 066 空白のセルの個数を数えるには

COUNTBLANK関数は[範囲]に指定したセル範囲内の空白セルの個数を求めます。引数には1つの範囲しか指定できません。

> **これを使おう** =COUNTBLANK(範囲)

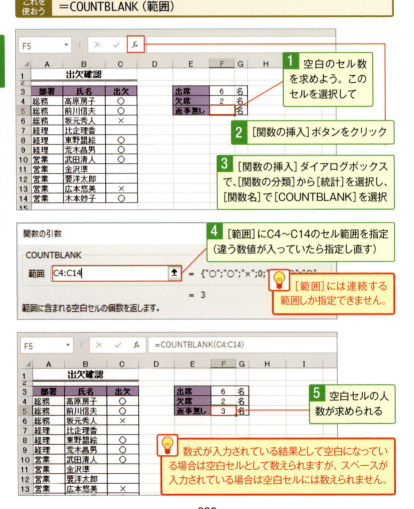

1. 空白のセル数を求めよう。このセルを選択して
2. [関数の挿入]ボタンをクリック
3. [関数の挿入]ダイアログボックスで、[関数の分類]から[統計]を選択し、[関数名]で[COUNTBLANK]を選択
4. [範囲]にC4～C14のセル範囲を指定（違う数値が入っていたら指定し直す）

💡 [範囲]には連続する範囲しか指定できません。

5. 空白セルの人数が求められる

💡 数式が入力されている結果として空白になっている場合は空白セルとして数えられますが、スペースが入力されている場合は空白セルには数えられません。

No. 067 条件に当てはまるセルの個数を求めたい

COUNTIF関数は[範囲]に指定したセル範囲の中で[検索条件]に該当するセルの個数を求めます。

これを使おう　=COUNTIF(範囲, 検索条件)

1. 35歳以上の会員を調べる。セルを選択して
2. [関数の挿入]ボタンをクリック
3. [関数の挿入]ダイアログボックスで、[関数の分類]から[統計]を選択し、[関数名]で[COUNTIF]を選択
4. [範囲]にB3～B10のセル範囲を指定
5. [検索条件]に「">=35"」と入力

💡 [検索条件]に文字列や比較演算子付きの数値を直接入力する場合は二重引用符「" "」で囲もう。

6. 35歳以上の会員の人数が求められる

No.068 複数の条件に当てはまるセルの個数を求めるには

COUNTIFS関数は[検索条件範囲]に指定したセル範囲の中から[検索条件]に該当するセルの個数を求めます。

> これを使おう
> =COUNTIFS(検索条件範囲1, 検索条件1 [検索条件範囲2, 検索条件2‥, 検索条件範囲127, 検索条件127])

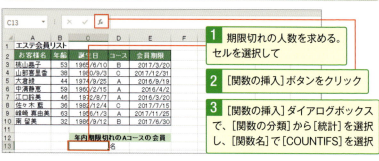

1. 期限切れの人数を求める。セルを選択して
2. [関数の挿入]ボタンをクリック
3. [関数の挿入]ダイアログボックスで、[関数の分類]から[統計]を選択し、[関数名]で[COUNTIFS]を選択

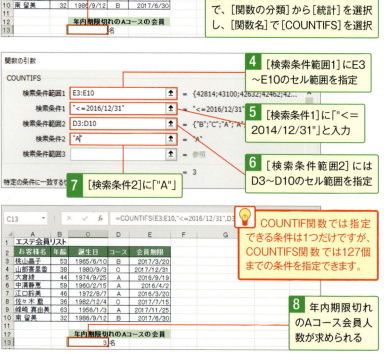

4. [検索条件範囲1]にE3～E10のセル範囲を指定
5. [検索条件1]に「"<=2014/12/31"」と入力
6. [検索条件範囲2]にはD3～D10のセル範囲を指定
7. [検索条件2]に「"A"」
8. 年内期限切れのAコース会員人数が求められる

💡 COUNTIF関数では指定できる条件は1つだけですが、COUNTIFS関数では127個までの条件を指定できます。

No. 069 「0～29点は何人？」のように決まった範囲に含まれるデータの個数

FREQUENCY関数は[データ配列]で指定したセル範囲内の値が、指定した区間(間隔)に含まれる個数を求めます。

これを使おう =FREQUENCY(データ配列, 区間配列)

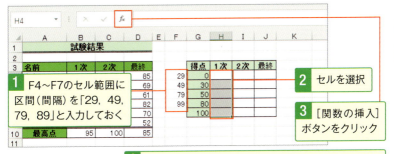

1. F4～F7のセル範囲に区間(間隔)を「29, 49, 79, 89」と入力しておく
2. セルを選択
3. [関数の挿入]ボタンをクリック
4. [関数の挿入]ダイアログボックスで、[関数の分類]から[統計]を選択し、[関数名]で[FREQUENCY]を選択

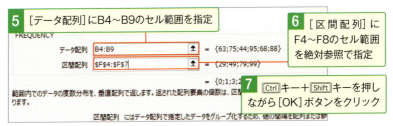

5. [データ配列]にB4～B9のセル範囲を指定
6. [区間配列]にF4～F8のセル範囲を絶対参照で指定
7. Ctrlキー+Shiftキーを押しながら[OK]ボタンをクリック

8. 点数別の人数が求められるので、関数を右にコピー

No.070 結果の中で一番高い点数（最大値）を知りたい

MAX関数は[数値]に指定した数値の最大値を求めます。

> これを使おう
> =MAX（数値1 [，数値2，・・・，数値255]）
> =MAXA（数値1 [，数値2，・・・，数値255]）

1. セルを選択
2. [関数の挿入]ボタンをクリック
3. [関数の挿入]ダイアログボックスで、[関数の分類]から[統計]を選択し、[関数名]で[MAX]を選択

4. [数値1]にB4〜B9のセル範囲を選択

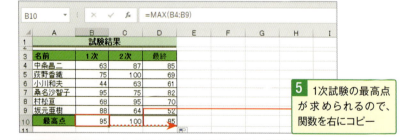

5. 1次試験の最高点が求められるので、関数を右にコピー

⊕ スキルアップ

MAXA関数では

MAXA関数を使うと、論理値のFALSEを「0」、TRUEを「1」としてデータの最大値を求めることができます。

No. 071 結果の中で一番低い点数(最小値)を知りたい

MIN関数は[数値]に指定した数値の最小値を求めます。

これを使おう
=MIN(数値1 [, 数値2], ・・・, [数値255])
=MINA(数値1 [, 数値2], ・・・, [数値255])

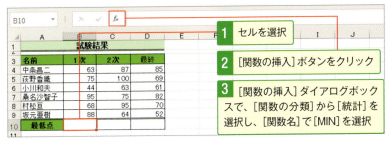

1. セルを選択
2. [関数の挿入]ボタンをクリック
3. [関数の挿入]ダイアログボックスで、[関数の分類]から[統計]を選択し、[関数名]で[MIN]を選択

4. [数値1]にB4〜B9のセル範囲を選択

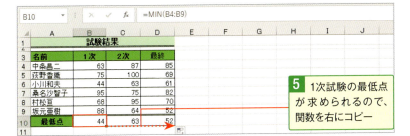

5. 1次試験の最低点が求められるので、関数を右にコピー

🔼 スキルアップ

MINA関数では

MINA関数を使うと、論理値のFALSEを「0」、TRUEを「1」としてデータの最小値を求めることができます。

No. 072 売り上げ「2位」に当たる金額（値）を求めるには

LARGE関数は[配列]に指定した範囲内の上位から指定した[順位]にある値を求めます。

> これを使おう
> ＝LARGE（配列, 順位）
> ＝SMALL（配列, 順位）

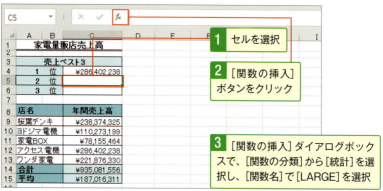

1. セルを選択
2. [関数の挿入]ボタンをクリック
3. [関数の挿入]ダイアログボックスで、[関数の分類]から[統計]を選択し、[関数名]で[LARGE]を選択
4. [配列]にC9～C13のセル範囲を選択
5. [順位]に「2」と入力

6. 2位の売上高が求められる

⊕スキルアップ

SMALL関数では

SMALL関数を使うと、下位からの指定した[順位]にあたる値を求めることができます。

No. 073 データの中央値を求めるには

MEDIAN関数は[数値]に指定した数値データを昇順または降順に並べたときの中央値を求めます。

これを使おう =MEDIAN(数値1 [, 数値2, ・・・, 数値255])

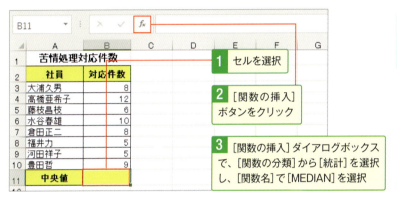

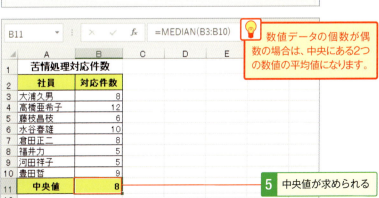

No. 074 データで最も頻出する値を求めるには

MODE.SNGL関数は[数値]に指定した数値データの最頻値を求めます。
同じ数値が含まれていない場合はエラー値[#N/A]が表示されます。

> これを使おう　=MODE.SNGL(数値1 [, 数値2, ・・・, 数値254])

💡 最頻値が複数ある場合は先にある行(または列)の値が最頻値として求められます。

No. 075 順位を降順／昇順で表示したい

RANK.EQ関数は[数値]に指定した数値が[参照]で指定したセル範囲の中で何番目にあるかを求めます。

これを使おう =RANK.EQ(数値, 参照[, 順序])

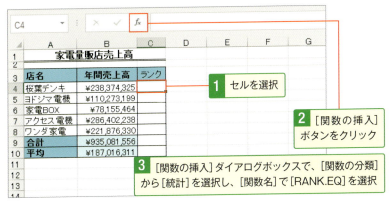

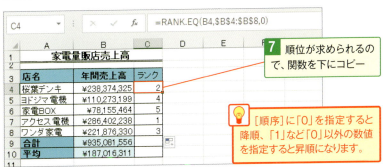

💡 [順序]に「0」を指定すると降順、「1」など「0」以外の数値を指定すると昇順になります。

No.076 順位が○%に位置するか知りたい

PERCENTRANK.INC関数は[配列]で指定したセル範囲のデータの中で[X]で指定した値が何%の位置にあるかを求めます。

これを使おう =PERCENTRANK.INC(配列, X [, 有効桁数])

1. セルを選択
2. [関数の挿入]ボタンをクリック
3. [関数の挿入]ダイアログボックスで、[関数の分類]から[統計]を選択し、[関数名]で[PERCENTRANK.INC]を選択

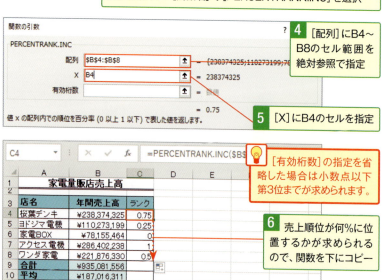

4. [配列]にB4～B8のセル範囲を絶対参照で指定
5. [X]にB4のセルを指定
6. 売上順位が何%に位置するかが求められるので、関数を下にコピー

💡 [有効桁数]の指定を省略した場合は小数点以下第3位までが求められます。

No. 077 ○%の位置にある値を求めるには

PERCENTILE.INC関数は[配列]で指定したセル範囲のデータを昇順で並べたときの[率]で指定した位置にある値を求めます。

これを使おう =PERCENTILE.INC(配列, 率)

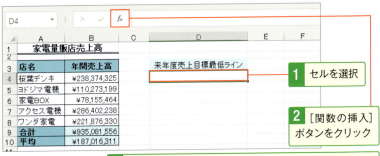

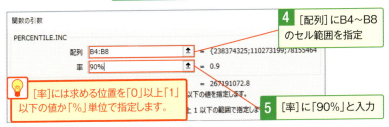

💡 [率]には求める位置を「0」以上「1」以下の値か「%」単位で指定します。

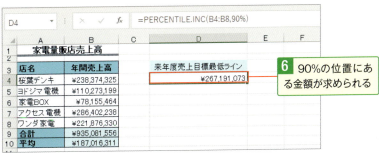

No. 078 0%・25%・50%・75%・100%の位置にある値を求めるには

QUARTILE.INC関数は[配列]で指定したセル範囲のデータの中で[戻り値]に指定した位置にある値を求めます。

これを使おう =QUARTILE.INC(配列, 戻り値)

1. セルを選択
2. [関数の挿入]ボタンをクリック
3. [関数の挿入]ダイアログボックスで、[関数の分類]から[統計]を選択し、[関数名]で[QUARTILE.INC]を選択

4. [配列]にE4~E9のセル範囲を指定
5. [戻り値]に「1」(「25%」の位置にあたる値を示す)と入力

💡 0%は「0」、25%は「1」、50%は「2」、75%は「3」、100%は「4」を指定します。

6. 25%の位置にあたる点数が求められる

第5章
検索／行列関数で数値や配列を便利に使うワザ

この章では検索／行列関数について紹介していきます。指定したセル範囲の行の数を求めたり、知りたいデータが表の何番目にあるか確認したりと、データの検索やセル情報を取得できる関数です。

No.079 行や列の単位で検索してデータを抽出するには

LOOKUP関数は[検査範囲]に指定したセル範囲から[検査値]に該当するセルを検索し、該当するセルと同じ行（または列）にある値を抽出します。

これを使おう
ベクトル形式　=LOOKUP（検査値, 検査範囲 [, 対応範囲]）
配列形式　　　=LOOKUP（検査値, 配列）

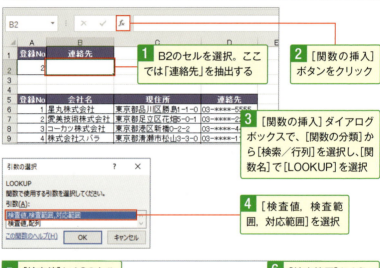

1. B2のセルを選択。ここでは「連絡先」を抽出する
2. [関数の挿入]ボタンをクリック
3. [関数の挿入]ダイアログボックスで、[関数の分類]から[検索/行列]を選択し、[関数名]で[LOOKUP]を選択
4. [検査値, 検査範囲, 対応範囲]を選択

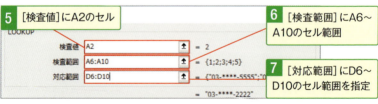

5. [検査値]にA2のセル
6. [検査範囲]にA6～A10のセル範囲
7. [対応範囲]にD6～D10のセル範囲を指定

8. 条件として指定した登録No.「2」に対応する連絡先が抽出される

第5章　検索／行列関数で数値や配列を便利に使うワザ

No. 080 複数の行・列で検索してデータを抽出したい

VLOOKUP関数は[範囲]に指定したセル範囲から[検索値]に該当するセルを検索し、該当するセルと同じ行にある値を[列番号]を指定して抽出します。

これを使おう =VLOOKUP(検索値, 範囲, 列番号 [, 検索方法])

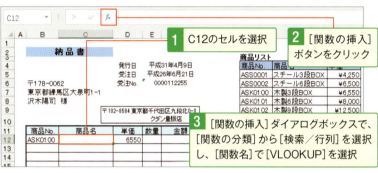

1. C12のセルを選択
2. [関数の挿入]ボタンをクリック
3. [関数の挿入]ダイアログボックスで、[関数の分類]から[検索/行列]を選択し、[関数名]で[VLOOKUP]を選択

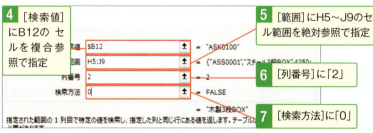

4. [検索値]にB12のセルを複合参照で指定
5. [範囲]にH5~J9のセル範囲を絶対参照で指定
6. [列番号]に「2」
7. [検索方法]に「0」

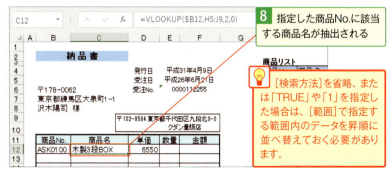

8. 指定した商品No.に該当する商品名が抽出される

💡 [検索方法]を省略、または「TRUE」や「1」を指定した場合は、[範囲]で指定する範囲内のデータを昇順に並べ替えておく必要があります。

No. 081 検索したデータが表の何番目にあるか知りたい

MATCH関数は[検査範囲]のセル範囲から[検査値]に該当するセルを検索し、該当するセルの相対的な位置を求めます。

> これを使おう　=MATCH(検査値, 検査範囲[, 照合の種類])

	A2のセルを選択
1	A2のセルを選択
2	[関数の挿入]ボタンをクリック
3	[関数の挿入]ダイアログボックスで、[関数の分類]から[検索/行列]を選択し、[関数名]で[MATCH]を選択

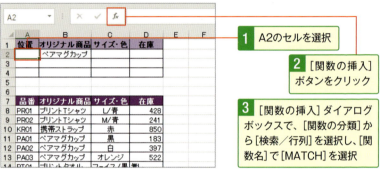

4 [検査値]にB2

5 [検査範囲]にB8～B16のセル範囲を指定

6 [照合の種類]に「0」を入力

7 指定した商品名「ペアマグカップ」が在庫管理表の何行目にあるかが求められる

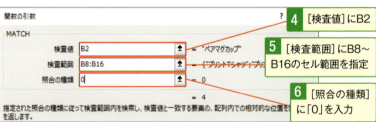

💡 [照合の種類]には検索方法を指定します。「FALSE(0)」は完全一致、「TRUE(1)」や省略は[検査値]以下の最大値、「-1」は検査値以上の最小値を検索します。

No. 082 行・列を指定して交差する位置にあるデータを抽出したい

INDEX関数は[参照]に指定したセル範囲から、[行番号]と[列番号]に指定した行と列が交差するセルの値を抽出します。複数のセル範囲を指定する場合は[領域番号]に何番目の範囲かを数値で指定します。

これを使おう	
セル範囲形式	=INDEX(参照[, 行番号, 列番号, 領域番号])
配列形式	=INDEX(配列[, 行番号, 列番号])

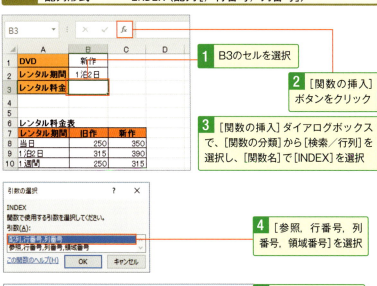

1. B3のセルを選択
2. [関数の挿入]ボタンをクリック
3. [関数の挿入]ダイアログボックスで、[関数の分類]から[検索/行列]を選択し、[関数名]で[INDEX]を選択

4. [参照, 行番号, 列番号, 領域番号]を選択

5. [参照]にA7~C10のセル範囲を指定
6. [行番号]に「3」
7. [列番号]に「3」と入力

8. レンタル表の3行目・3列目にあるレンタル料金が抽出される

No. 083 行・列を指定して交差する位置にあるセルの番地を求めるには

ADDRESS関数は[行番号]と[列番号]に指定した行と列が交差するセル参照を求めます。

これを使おう =ADDRESS(行番号, 列番号[, 参照の種類, 参照形式, シート名])

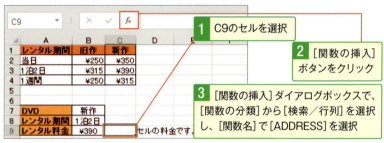

1. C9のセルを選択
2. [関数の挿入]ボタンをクリック
3. [関数の挿入]ダイアログボックスで、[関数の分類]から[検索/行列]を選択し、[関数名]で[ADDRESS]を選択

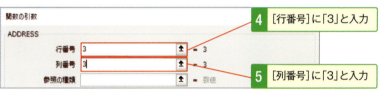

4. [行番号]に「3」と入力
5. [列番号]に「3」と入力

6. 指定した3行目・3列目のセル番地が求められる

💡 別のブックへのセル参照を指定する場合は[シート名]にブック名とシート名を指定します。

[参照の種類(参照の型)]で指定する値とセル参照の種類

参照の種類(参照の型)	セル参照の種類
1 (省略)	絶対参照 ($A$1)
2	行は絶対参照、列は相対参照 (A$1)
3	行は相対参照、列は絶対参照 ($A1)
4	相対参照 (A1)

[参照形式]で指定する値とセル参照の形式

参照形式	セル参照の形式
TRUE (省略)	A1形式
FALSE	R1C1形式

No. 084 基準のセルから移動した位置にあるセルの番地を求めるには

OFFSET関数は[参照]のセルから[行数]と[列数]だけ移動した位置にあるセル参照を求めます。

これを使おう =OFFSET(参照, 行数, 列数 [, 高さ, 幅])

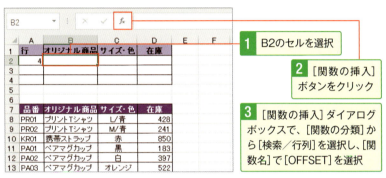

1. B2のセルを選択
2. [関数の挿入]ボタンをクリック
3. [関数の挿入]ダイアログボックスで、[関数の分類]から[検索/行列]を選択し、[関数名]で[OFFSET]を選択

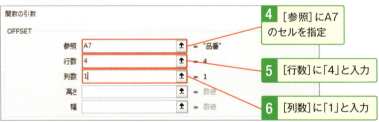

4. [参照]にA7のセルを指定
5. [行数]に「4」と入力
6. [列数]に「1」と入力

7. A7から下に4行、右に1列移動したB11セルの値が取り出される

💡 上方向/左方向へ移動したセル参照を求める場合は、[行数][列数]に負の値を指定します。

No. 085 セルの行番号を調べるには

ROW関数は[範囲]に指定したセルの行番号を求めます。セル範囲を指定した場合はその左上のセルの行番号が表示されます。行番号は、シートの左上隅のセルを「1」とします。

これを使おう =ROW([範囲])

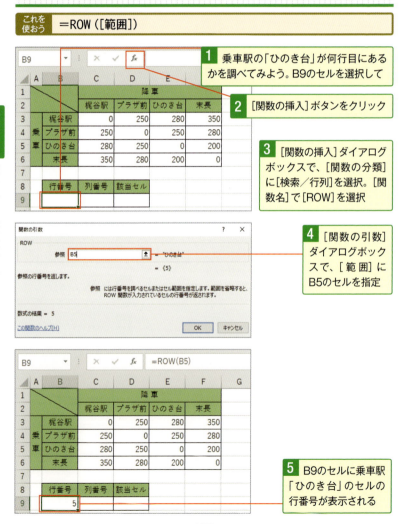

No.086 セルの列番号を調べるには

COLUMN関数は[範囲]に指定したセルの列番号を求めます。セル範囲を指定した場合はその左上のセルの列番号が表示されます。

これを使おう =COLUMN([範囲])

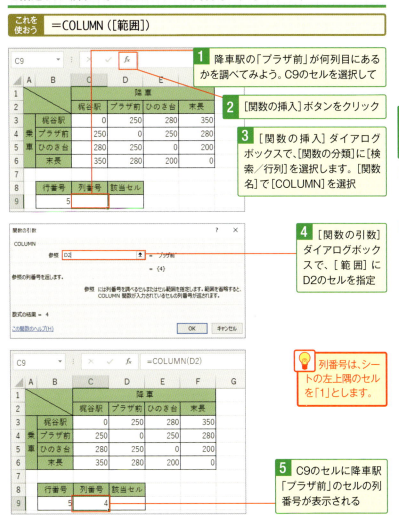

1. 降車駅の「プラザ前」が何列目にあるかを調べてみよう。C9のセルを選択して
2. [関数の挿入]ボタンをクリック
3. [関数の挿入]ダイアログボックスで、[関数の分類]に[検索/行列]を選択します。[関数名]で[COLUMN]を選択
4. [関数の引数]ダイアログボックスで、[範囲]にD2のセルを指定
5. C9のセルに降車駅「プラザ前」のセルの列番号が表示される

💡 列番号は、シートの左上隅のセルを「1」とします。

No. 087 指定したセル範囲の行の数を求めるには

ROWS関数は[配列]に指定したセル範囲に含まれる行の数を求めます。ただし結合している行が含まれる場合はその結合を無視し、結合されていない状態としての行数が表示されます。

これを使おう =ROWS(配列)

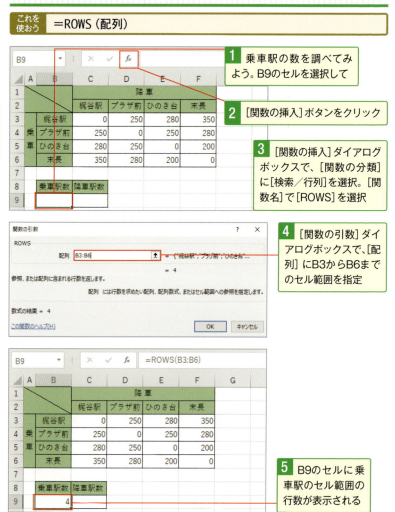

1 乗車駅の数を調べてみよう。B9のセルを選択して

2 [関数の挿入]ボタンをクリック

3 [関数の挿入]ダイアログボックスで、[関数の分類]に[検索/行列]を選択。[関数名]で[ROWS]を選択

4 [関数の引数]ダイアログボックスで、[配列]にB3からB6までのセル範囲を指定

5 B9のセルに乗車駅のセル範囲の行数が表示される

No. 088 指定したセル範囲の列の数を求めるには

COLUMNS関数は[配列]に指定したセル範囲に含まれる列の数を求めます。ただし結合している列が含まれる場合はその結合を無視し、結合されていない状態としての列数が表示されます。

これを使おう =COLUMNS(配列)

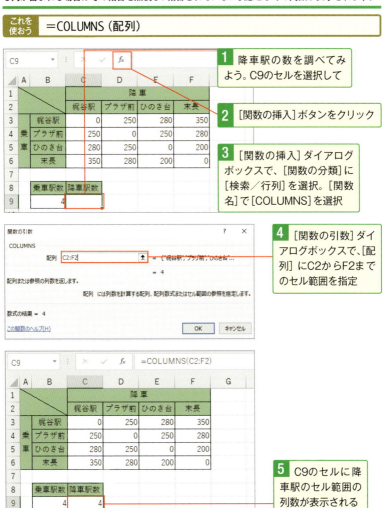

1 降車駅の数を調べてみよう。C9のセルを選択して

2 [関数の挿入]ボタンをクリック

3 [関数の挿入]ダイアログボックスで、[関数の分類]に[検索/行列]を選択。[関数名]で[COLUMNS]を選択

4 [関数の引数]ダイアログボックスで、[配列]にC2からF2までのセル範囲を指定

5 C9のセルに降車駅のセル範囲の列数が表示される

No.089 行と列を入れ替えた表にするには

TRANSPOSE関数は[配列]に指定したセル範囲の行と列を入れ替えて表示します。[配列]にはセル範囲、配列を指定します。

これを使おう =TRANSPOSE(配列)

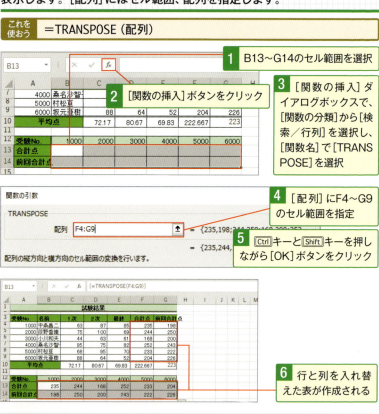

1. B13～G14のセル範囲を選択
2. [関数の挿入]ボタンをクリック
3. [関数の挿入]ダイアログボックスで、[関数の分類]から[検索/行列]を選択し、[関数名]で[TRANSPOSE]を選択
4. [配列]にF4～G9のセル範囲を指定
5. Ctrlキーと Shiftキーを押しながら[OK]ボタンをクリック
6. 行と列を入れ替えた表が作成される

❶スキルアップ

数式が入力されていてもOK

TRANSPOSE関数で行と列を入れ替えた後のセルの内容、[配列]で指定したセル範囲の内容とリンクしているため、数式が入力されていても値をそのままにして行と列を入れ替えることができます。

No. 090 セルの内容を間接的に参照するには

INDIRECT関数は[参照文字列]にセル番地を指定したセルを介して別のセルの内容を間接的に参照します。[参照文字列]には「A1」のようにセル参照を表す文字列を指定します。

これを使おう =INDIRECT(参照文字列[, 参照形式])

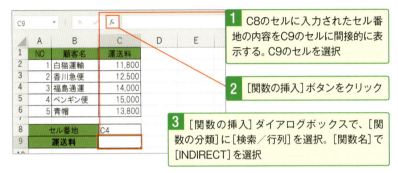

1. C8のセルに入力されたセル番地の内容をC9のセルに間接的に表示する。C9のセルを選択
2. [関数の挿入]ボタンをクリック
3. [関数の挿入]ダイアログボックスで、[関数の分類]に[検索/行列]を選択。[関数名]で[INDIRECT]を選択
4. [関数の引数]ダイアログボックスで、[参照文字列]にC8のセルを指定

[参照形式]の値	内容
TRUE(省略)	A1形式
FALSE	R1C1形式

5. C9のセルにC8のセルに入力されたセル番地の内容が、間接的に表示される

No. 091 セルにWebページのURLなどのハイパーリンクを作成するには

HYPERLINK関数はセルにハイパーリンクを設定します。[リンク先]には、Webページのリンク先やブック、シートへのパス(リンク先の位置)を指定します。

これを使おう =HYPERLINK(リンク先[, 別名])

1. B10のセルを選択
2. [関数の挿入]ボタンをクリック
3. [関数の挿入]ダイアログボックスで、[関数の分類]に[検索/行列]を選択。[関数名]で[HYPERLINK]を選択

4. [関数の引数]ダイアログボックスで、[リンク先]にジャンプ先となるブックへのフルパスを入力
5. [別名]にセルに表示する文字列を入力

6. B10のセルに、パスを入力したブックへのハイパーリンクが設定される

⊕ スキルアップ

二重引用符は自動的に入力される

[リンク先]と[別名]に指定した文字列は、二重引用符「"」で囲みます。[関数の引数]ダイアログボックスから関数を指定した場合、この「"」は自動的に追加されます。ただし、数式バーから関数を入力する場合には、「"」を付けて入力する必要があります。

第6章
データベース関数で集計データを扱う

Excelでのデータベースとは、セル範囲の行をレコード、列をフィールドとして、セル範囲全体をリストとしたものを指します。データベース関数を使えば複数の条件を満たす集計が行えます。

No.092 データベースってどんなもの?

[データベース]関数を使うと、複数の条件を満たす集計が行えます。利用するにはまず、表の列見出しを付けた条件をシート上に作成します。

データベース関数を利用するには、列見出し(フィールド名)を付けた1件分のデータ(レコード)と同じフィールド名に属するデータ(フィールド)からなるリスト形式の表(データベース)が必要

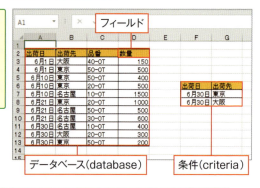

データベース関数は、「=関数名(データベース,フィールド,条件)」の書式。各引数と表内で指定するセル範囲はすべてのデータベース関数で共通

データベース関数で指定する条件はシート上に入力。条件は、表と同じ列見出しの下に入力し、AND条件は同じ行に、OR条件は違う行に入力

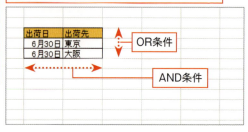

No.093 データベースを使って欲しいデータを合計するには

DSUM関数は[データベース]から[条件]に該当するデータを検索し、該当するデータの[フィールド]で指定した列にある数値を合計します。

これを使おう =DSUM(データベース, フィールド, 条件)

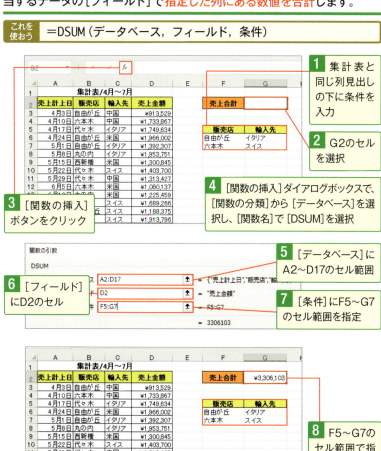

1. 集計表と同じ列見出しの下に条件を入力
2. G2のセルを選択
3. [関数の挿入]ボタンをクリック
4. [関数の挿入]ダイアログボックスで、[関数の分類]から[データベース]を選択し、[関数名]で[DSUM]を選択
5. [データベース]にA2~D17のセル範囲
6. [フィールド]にD2のセル
7. [条件]にF5~G7のセル範囲を指定
8. F5~G7のセル範囲で指定した条件に該当する売上金額の合計が求められる

💡 [フィールド]には合計する列見出し、[条件]にはデータベースと同じ列見出しを付けた条件をセル参照で指定します。

No.094 条件に当てはまるデータの平均を求めるには

DAVERAGE関数は[データベース]から[条件]に該当するデータを検索し、該当するデータの[フィールド]で指定した列にある値の平均を求めます。

これを使おう =DAVERAGE(データベース, フィールド, 条件)

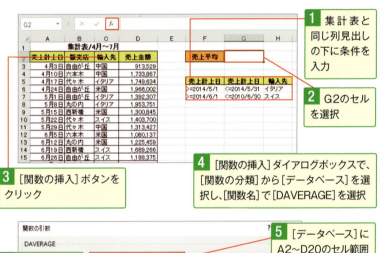

1. 集計表と同じ列見出しの下に条件を入力
2. G2のセルを選択
3. [関数の挿入]ボタンをクリック
4. [関数の挿入]ダイアログボックスで、[関数の分類]から[データベース]を選択し、[関数名]で[DAVERAGE]を選択

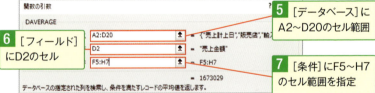

5. [データベース]にA2~D20のセル範囲
6. [フィールド]にD2のセル
7. [条件]にF5~H7のセル範囲を指定

8. F5~H7のセル範囲で指定した条件に該当する売上金額の平均が求められる

No.095 条件に当てはまるデータの個数を求めたい

DCOUNT関数は[データベース]から[条件]に該当するデータを検索し、該当するデータの[フィールド]で指定した列の数値が入力されているセルの個数を求めます。

これを使おう =DCOUNT(データベース,フィールド,条件)

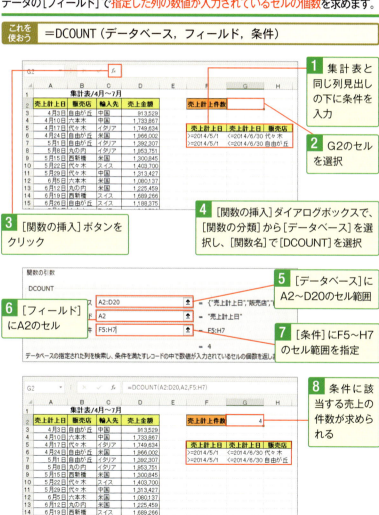

1. 集計表と同じ列見出しの下に条件を入力
2. G2のセルを選択
3. [関数の挿入]ボタンをクリック
4. [関数の挿入]ダイアログボックスで、[関数の分類]から[データベース]を選択し、[関数名]で[DCOUNT]を選択
5. [データベース]にA2~D20のセル範囲
6. [フィールド]にA2のセル
7. [条件]にF5~H7のセル範囲を指定
8. 条件に該当する売上の件数が求められる

No. 096 条件に当てはまる空白以外のデータの個数を求めるには

DCOUNTA関数は[データベース]から[条件]に該当するデータを検索し、該当するデータの[フィールド]で指定した列にある空白以外のセルの個数を求めます。

これを使おう =DCOUNTA(データベース, フィールド, 条件)

1 会員リストと同じ列見出しの下に条件を入力
2 G3のセルを選択
3 [関数の挿入]ボタンをクリック
4 [関数の挿入]ダイアログボックスで、[関数の分類]から[データベース]を選択し、[関数名]で[DCOUNTA]を選択

5 [データベース]にA2～E10のセル範囲
6 [フィールド]にA2のセル
7 [条件]にG6～H7のセル範囲を指定

8 条件に該当する会員の人数が求められる

No.097 条件に当てはまるデータの最大値・最小値を知りたい

MAX関数・DMIN関数は[データベース]から[条件]に該当するデータを検索し、該当するデータの[フィールド]で指定した列にある数値の最大値・最小値を求めます。

これを使おう
=DMAX(データベース,フィールド,条件)
=DMIN(データベース,フィールド,条件)

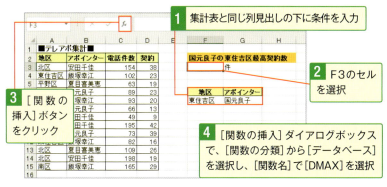

1. 集計表と同じ列見出しの下に条件を入力
2. F3のセルを選択
3. [関数の挿入]ボタンをクリック
4. [関数の挿入]ダイアログボックスで、[関数の分類]から[データベース]を選択し、[関数名]で[DMAX]を選択

5. [データベース]にA2~D15のセル範囲
6. [フィールド]にD2のセル
7. [条件]にF6~G7のセル範囲を指定

8. 条件に該当する会員の人数が求められる

No. 098 条件に当てはまるデータを1つだけ抽出するには

DGET関数は[データベース]から[条件]に該当するデータを検索し、該当するデータの[フィールド]で指定した列にある値を1つだけ抽出します。

> これを使おう =DGET(データベース, フィールド, 条件)

1. 講座料金表と同じ列見出しの下に条件を入力する
2. C2のセルを選択
3. [関数の挿入]ボタンをクリック
4. [関数の挿入]ダイアログボックスで、[関数の分類]から[データベース]を選択し、[関数名]で[DGET]を選択

5. [データベース]にA6〜C18のセル範囲
6. [フィールド]にC6のセル
7. [条件]にA1〜B2のセル範囲を指定

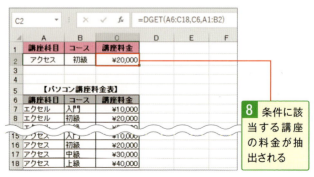

8. 条件に該当する講座の料金が抽出される

第7章
文字列操作関数で
テキストをもっと便利に

文字列操作の関数は、文字を半角や全角に統一したり、左端から数文字だけ抜き出す、などの文字を扱うための関数です。書類を扱う上でとても便利な関数なので、どんな機能があるかだけでも把握しておくとよいでしょう。

No.099 混ざった全角と半角を半角に統一したい

ASC関数は、[文字列]に指定したデータやセル参照に含まれる全角の英数字、カナ文字、記号を半角文字に変換します。

これを使おう =ASC(文字列)

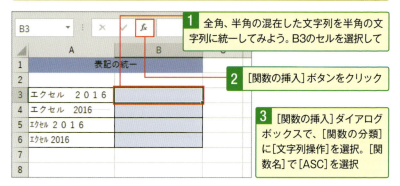

1. 全角、半角の混在した文字列を半角の文字列に統一してみよう。B3のセルを選択して
2. [関数の挿入]ボタンをクリック
3. [関数の挿入]ダイアログボックスで、[関数の分類]に[文字列操作]を選択。[関数名]で[ASC]を選択

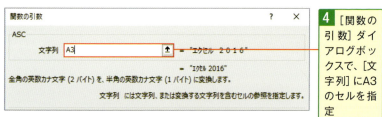

4. [関数の引数]ダイアログボックスで、[文字列]にA3のセルを指定

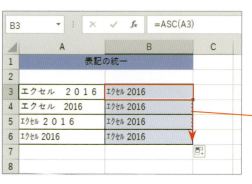

5. B列には半角に統一された文字列が表示される。B3のセルに入力された関数を下までコピー

No.100 混ざった全角と半角を全角に統一したい

JIS関数は[文字列]に指定した文字列に含まれる半角英字、数字、記号、カタカナ、スペースを全角に変換します。

これを使おう =JIS(文字列)

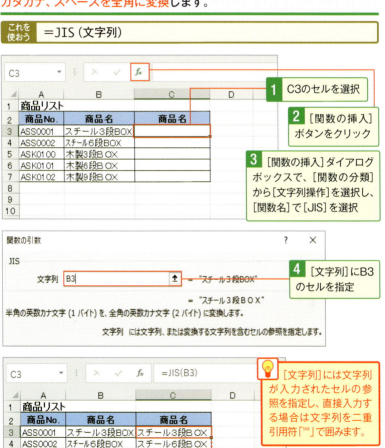

No.101 英文字を大文字に変換するには

UPPER関数は[文字列]に指定した文字列に含まれる英字を大文字に変換します。

これを使おう =UPPER(文字列)

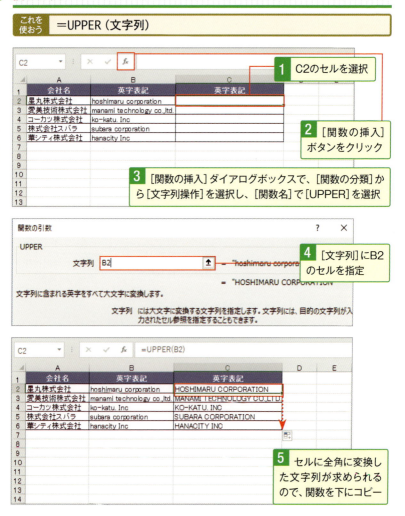

No.102 英文字を小文字に変換するには

LOWER関数は、[文字列]に指定したデータやセル参照に含まれるすべての英字を小文字に変換します。

これを使おう =LOWER(文字列)

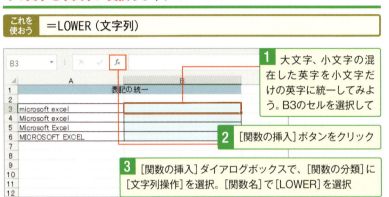

1. 大文字、小文字の混在した英字を小文字だけの英字に統一してみよう。B3のセルを選択して
2. [関数の挿入]ボタンをクリック
3. [関数の挿入]ダイアログボックスで、[関数の分類]に[文字列操作]を選択。[関数名]で[LOWER]を選択

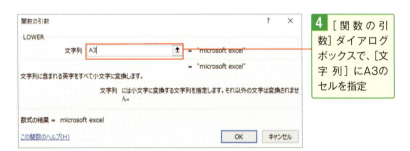

4. [関数の引数]ダイアログボックスで、[文字列]にA3のセルを指定

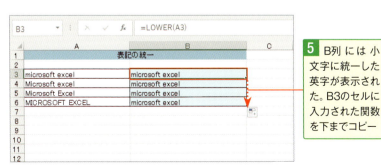

5. B列には小文字に統一した英字が表示された。B3のセルに入力された関数を下までコピー

No.103 先頭のみ大文字に変換するには

PROPER関数は[文字列]に指定した文字列に含まれる英字の1文字目を大文字にして2文字目以降を小文字に変換します。

これを使おう =PROPER(文字列)

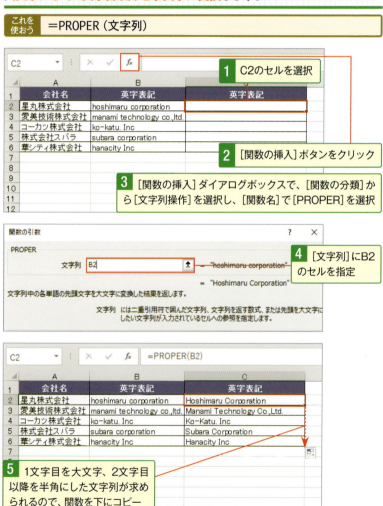

No.104 文字列を結合するには

CONCAT関数は[文字列]に指定した文字列、数値、セル番地を結合して1つの文字列を作成します。

これを使おう =CONCAT(文字列1 [, 文字列2, ・・・, 文字列255])

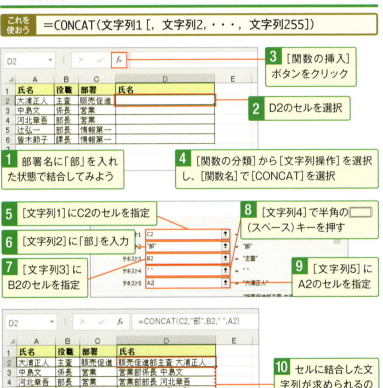

1. 部署名に「部」を入れた状態で結合してみよう
2. D2のセルを選択
3. [関数の挿入]ボタンをクリック
4. [関数の分類]から[文字列操作]を選択し、[関数名]で[CONCAT]を選択
5. [文字列1]にC2のセルを指定
6. [文字列2]に「部」を入力
7. [文字列3]にB2のセルを指定
8. [文字列4]で半角の□(スペース)キーを押す
9. [文字列5]にA2のセルを指定
10. セルに結合した文字列が求められるので、関数を下にコピー

↑スキルアップ

CONCATENATE関数との違い

CONCAT関数では例のように指定する以外に、セル範囲を指定することもできます。Excel2019を使っているならこちらを使うと便利でしょう。

No.105 文字列の文字の数を求めるには

LEN関数は[文字列]に指定した文字列の文字数を求めます。英数カナ文字、スペース、句読点などすべて1文字として数えられ、全角と半角の区別はありません。

これを使おう
=LEN(文字列)
=LENB(文字列)

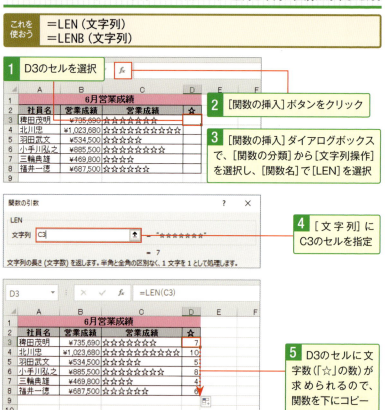

1. D3のセルを選択
2. [関数の挿入]ボタンをクリック
3. [関数の挿入]ダイアログボックスで、[関数の分類]から[文字列操作]を選択し、[関数名]で[LEN]を選択
4. [文字列]にC3のセルを指定
5. D3のセルに文字数(「☆」の数)が求められるので、関数を下にコピー

◎スキルアップ

LENB関数では

同様にLENB関数では、全角文字を2バイト、半角文字を1バイトと数えて文字列のバイト数を求めることができます。

No.106 知りたい文字が指定した文字から何文字目にあるか調べる（大・小文字を区別）

FIND関数は[検索文字列]に指定した文字列を[対象]に指定した文字列内から検索し何文字目にあるかを求めます。英字の大文字と小文字は区別されます。

これを使おう	=FIND(検索文字列, 対象[, 開始位置]) =FINDB(検索文字列, 対象[, 開始位置])

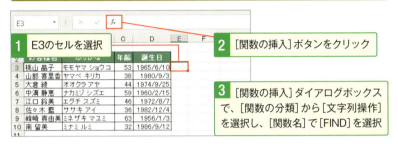

1. E3のセルを選択
2. [関数の挿入]ボタンをクリック
3. [関数の挿入]ダイアログボックスで、[関数の分類]から[文字列操作]を選択し、[関数名]で[FIND]を選択
4. ここでは「空白」が何文字目にあるか知りたいので、[検索文字列]で半角の□（スペース）キーを押す
5. [対象]にA3のセルを指定
6. [開始位置]に「1」と入力

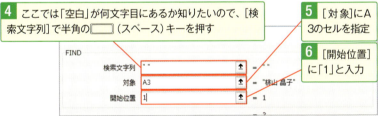

💡 [開始位置]は省略でき、省略すると[1]が指定された場合と同じ意味です。

7. A3のセルで空白が何文字目にあるかが求められる

🔼 スキルアップ

FINDB関数では

同様にFINDB関数では、全角文字を2バイト、半角文字を1バイトと数え、[検索文字列]が何バイト目にあるかを求められます。

No.107 知りたい文字が指定した文字から何文字目にあるか調べる（大・小文字の区別なし）

SEARCH関数は[検索文字列]に指定した文字列を[対象]に指定した文字列内から検索し何文字目にあるかを求めます。英字の大文字と小文字が区別されません。

これを使おう
=SEARCH(検索文字列, 対象 [, 開始位置])
=SEARCHB(検索文字列, 対象 [, 開始位置])

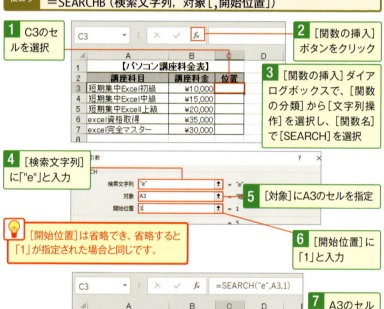

1. C3のセルを選択
2. [関数の挿入]ボタンをクリック
3. [関数の挿入]ダイアログボックスで、[関数の分類]から[文字列操作]を選択し、[関数名]で[SEARCH]を選択
4. [検索文字列]に「"e"」と入力
5. [対象]にA3のセルを指定
6. [開始位置]に「1」と入力
7. A3のセルで空白が何文字目にあるかが求められるので、関数を下にコピー

💡 [開始位置]は省略でき、省略すると「1」が指定された場合と同じです。

⊕ スキルアップ

SEARCHB関数では

同様にSEARCHB関数では、[検索文字列]が何バイト目にあるかを求められます。

No. 108 文字列の右端から指定の文字数だけ取り出すには

RIGHT関数は[文字列]に指定した文字列の右端から[文字数]に指定した数の文字を取り出します。

> これを使おう
> =RIGHT(文字列[, 文字数])
> =RIGHTB(文字列[, バイト数])

1 C3のセルを選択

2 [関数の挿入]ボタンをクリック

3 [関数の挿入]ダイアログボックスで、[関数の分類]から[文字列操作]を選択し、[関数名]で[RIGHT]を選択

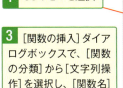

4 [文字列]にB3のセルを指定

💡 [文字数]に「0」を指定すると、空白の文字列が返されます。

5 [文字数]に「5」と入力

6 A3のセルの右から5文字分が取り出されるので、関数を下にコピー

◆スキルアップ

RIGHTB関数では

同様にRIGHTB関数では、文字列の右端から指定したバイト数を取り出すことができます。

No.109 文字列の左端から指定の文字数だけ取り出すには

LEFT関数は[文字列]に指定した文字列の左端から[文字数]に指定した数の文字を取り出します。

> これを使おう
> =LEFT(文字列[, 文字数])
> =LEFTB(文字列[, バイト数])

1 B3のセルを選択

2 [関数の挿入]ボタンをクリック

3 [関数の挿入]ダイアログボックスで、[関数の分類]から[文字列操作]を選択し、[関数名]で[LEFT]を選択

4 [文字列]にA3のセルを指定

5 [文字数]に「F3-1」と入力。F列にはA列のセルの空白(区切り)の位置が求められているので、そこから1を引いて苗字の文字数とした

6 A3のセルの氏名から苗字が取り出されるので、関数を下にコピー

⊕スキルアップ

LEFTB関数では

同様にLEFTB関数では、文字列の左端から指定したバイト数を取り出すことができます。

No.110 文字列の指定の位置から指定の文字数だけ取り出すには

MID関数は[文字列]に指定した文字列から[開始位置]を指定して文字を取り出します。[文字数]には取り出す文字数を指定します。

> これを使おう
> =MID(文字列, 開始位置, 文字数)
> =MIDB(文字列, 開始位置, バイト数)

1. C2のセルを選択

2. [関数の挿入]ボタンをクリック

3. [関数の挿入]ダイアログボックスで、[関数の分類]から[文字列操作]を選択し、[関数名]で[MID]を選択

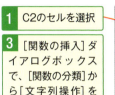

4. [文字列]にA2のセルを指定

5. [開始位置]に「4」

6. [文字数]に「B2-3」と入力、[OK]ボタンをクリック。これで、先頭の「東京都」という3文字を除いた、B列に求められている「区」の位置までの文字列が得られる

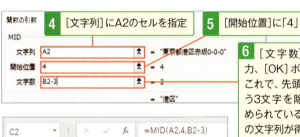

7. 文字列が取り出されるので、関数を下にコピー

↑スキルアップ

指定した数の和が超えると…?

[開始位置]と[文字数]に指定した数の和が[文字列]の文字数を超えると、[開始位置]からあとの文字列がすべて取り出されます。

No.111 文字列を別の文字列に置き換えるには

SUBSTITUTE関数は[文字列]で指定した文字列の[検索文字列]を[置換文字列]に置き換えます。

これを使おう =SUBSTITUTE(文字列, 検索文字列, 置換文字列[, 置換対象])

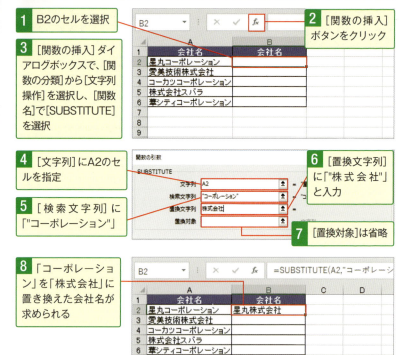

1. B2のセルを選択
2. [関数の挿入]ボタンをクリック
3. [関数の挿入]ダイアログボックスで、[関数の分類]から[文字列操作]を選択し、[関数名]で[SUBSTITUTE]を選択
4. [文字列]にA2のセルを指定
5. [検索文字列]に「"コーポレーション"」
6. [置換文字列]に「"株式会社"」と入力
7. [置換対象]は省略
8. 「コーポレーション」を「株式会社」に置き換えた会社名が求められる

⬆ スキルアップ

[置換対象]と[検索文字列]

[置換対象]は何番目の文字列を置き換えるかを指定します。[検索文字列]が複数ある場合、2つ目の文字列だけを置き換えるには「2」とし、省略すると、同じ文字列はすべて置き換えられます。

No.112 開始位置と文字数を指定して指定の文字列に置き換えるには

REPLACE関数は[文字列]の[開始位置]に指定した位置から[文字数]分の文字を[置換文字列]に置き換えます。

これを使おう
=REPLACE(文字列, 開始位置, 文字数, 置換文字列)
=REPLACEB(文字列, 開始位置, バイト数, 置換文字列)

1 ASS0001をASS-001に変換してみよう

2 B3のセルを選択

3 [関数の挿入]ボタンをクリック

4 [関数の挿入]ダイアログボックスで、[関数の分類]から[文字列操作]を選択し、[関数名]で[REPLACE]を選択

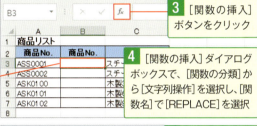

5 [文字列]にA3のセルを指定

💡 [文字数]を「0」にすると[開始位置]の前に[置換文字列]が挿入されます。

6 [開始位置]に「4」

7 [文字数]に「1」

8 [置換文字列]に「"-"」と入力

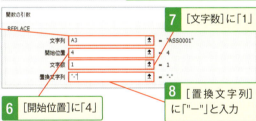

9 置換後の文字列が求められるので、関数を下にコピー

◎スキルアップ
REPLACEB関数では

同様にREPLACEB関数では、バイト単位で開始位置を指定し、指定したバイト数の文字列を置き換えることができます。

No. 113 数値を指定の表示形式の文字列に変換するには

TEXT関数は[値]に指定した値に表示形式を付けて文字列に変換します。[表示形式]には付ける表示形式を二重引用符「""」で囲んで指定します。

これを使おう =TEXT(値, 表示形式)

1 E4のセルを選択
2 [関数の挿入]ボタンをクリック
3 [関数の挿入]ダイアログボックスで、[関数の分類]から[文字列操作]を選択し、[関数名]で[TEXT]を選択

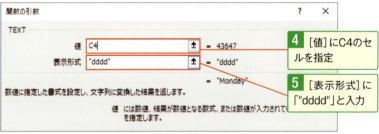

4 [値]にC4のセルを指定
5 [表示形式]に「"dddd"」と入力

6 日付の曜日が英語で表示される

No.114 数値を四捨五入して桁区切りを付けた文字列に変換するには

FIXED関数は[数値]を指定の桁数になるように四捨五入し、桁区切り記号「,」を付けた文字列に変換します。

> これを使おう　=FIXED(数値[, 桁数, 桁区切り])

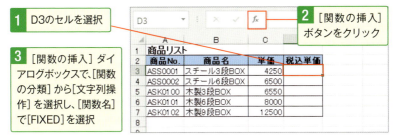

1. D3のセルを選択
2. [関数の挿入]ボタンをクリック
3. [関数の挿入]ダイアログボックスで、[関数の分類]から[文字列操作]を選択し、[関数名]で[FIXED]を選択
4. [数値]に「C3*1.08」と入力
5. [桁数]は整数で求めるため「0」と入力
6. [桁区切り]に「FALSE」と入力
7. 桁区切り記号付きで整数の税込単価が求められるので、関数を下にコピー

◆スキルアップ

[桁数]と[桁区切り]

[桁数]には四捨五入した結果、表示する桁数を数値で指定します(省略すると「2」が指定)。[桁区切り]には桁区切りを付けるかどうかを論理値「TRUE」か「FALSE」で指定します。

No.115 数値から通貨を表す文字列に変換するには

YEN関数は[数値]を指定の桁数になるように四捨五入し、通貨記号（¥）と桁区切り記号「,」を付けた文字列に変換します。

これを使おう
```
=YEN(数値[, 桁数])
=DOLLAR(数値[, 桁数])
```

1 D3のセルを選択

2 [関数の挿入]ボタンをクリック

3 [関数の挿入]ダイアログボックスで、[関数の分類]から[文字列操作]を選択し、[関数名]で[YEN]を選択

4 [数値]に「C3*1.08」と入力

💡 [桁数]には四捨五入した結果、表示する桁数を数値で指定します。省略すると「0」が指定されます。

5 [桁数]は整数で求めるため「0」と入力

6 「¥」記号と桁区切り記号が付いた整数の税込単価が求められるので、関数を下にコピー

⊕スキルアップ

DOLLAR関数では

同様に、DOLLAR関数で「$」記号と桁区切り記号「,」を付けた文字列に変換することができます。

No.116 数値を漢数字の文字列に変換するには

NUMBERSTRING関数は [数値] に指定した数値を漢数字の文字列に変換します。[表示形式] に指定した表記で漢数字を表示します。

これを使おう =NUMBERSTRING（数値，表示形式）

1 [関数の挿入] ダイアログボックスには用意されていないため、D7のセルを選択して、「=NUMBERSTRING（」と入力

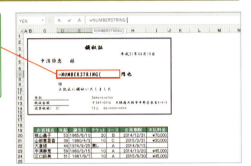

2 I23のセルを入力したいので

3 I23, 2) と入力して Enter キーを押す

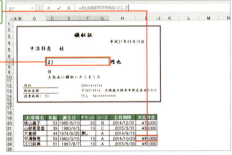

[表示形式] で指定できる数値と表示結果

表示形式	表示例（1245の場合）
1	千二百四十五
2	壱阡弐百四拾伍
3	一二四五

4 漢数字で支払料金が表示される

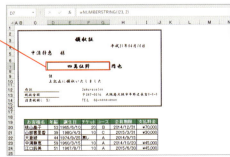

No.117 17時30分などの文字列を数値に変換して表示したい

VALUE関数は[文字列]に指定した数値を表す文字列を数値に変換します。[文字列]には、数値、日付や時刻など数値に変換できる文字列を指定します。

これを使おう =VALUE(文字列)

1 C4のセルを選択

2 [関数の挿入]ボタンをクリック

3 [関数の挿入]ダイアログボックスで、[関数の分類]から[文字列操作]を選択し、[関数名]で[VALUE]を選択

4 [文字列]にB4のセルを指定

5 セルの書式を時刻形式に変更して、下までコピー

💡 B列とC列の表示内容は同じだが、C列は日付／時刻形式のデータなので演算が可能です。

No.118 指定の文字コードに対応する文字を求めるには

CHAR関数は[数値]に指定した文字コードに対応する文字を求めます。[数値]には数値、数値が入力されたセルの参照を指定します。

これを使おう ＝CHAR（数値）

1 D列にCONCAT関数（No.103）を入力し、A列～C列に入力されている文字列を結合して表示している状態

2 B2のセルを選択

3 [関数の挿入]ボタンをクリック

4 [関数の挿入]ダイアログボックスで、[関数の分類]から[文字列操作]を選択し、[関数名]で[CHAR]を選択

💡 対応する文字には、改行、タブなどの制御文字、記号、数値、アルファベット、カタカナ、漢字などがあります。

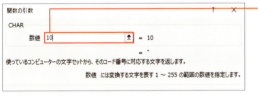

5 [数値]に「10」（改行の制御文字に対応する文字コード）を入力

6 文字列が区切り文字の位置で改行される

7 関数を下までコピー

No.119 文字列の余分な空白文字を削除するには

TRIM関数は[文字列]に指定した文字列の先頭と末尾の余分なスペースを削除し、文字と文字との間の連続したスペースを1つにします。

これを使おう =TRIM(文字列)

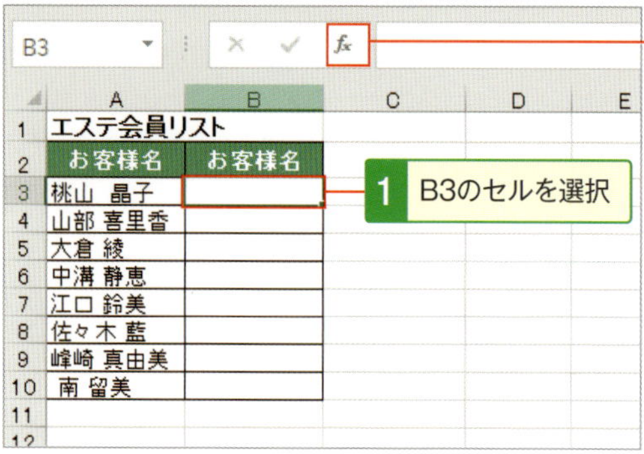

1 B3のセルを選択

2 [関数の挿入]ボタンをクリック

3 [関数の挿入]ダイアログボックスで、[関数の分類]から[文字列操作]を選択し、[関数名]で[TRIM]を選択

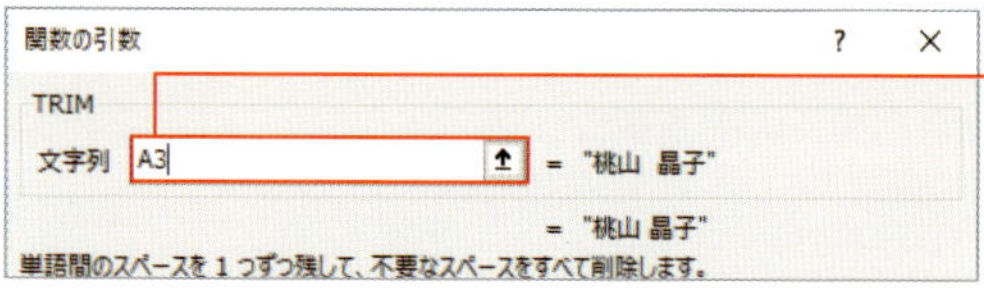

4 [文字列]にA3のセルを指定

💡 全角と半角のスペースが離れた位置にある場合は、それぞれ1つずつにしますが、連続した位置にある場合は、先頭にあるスペースだけ残します。

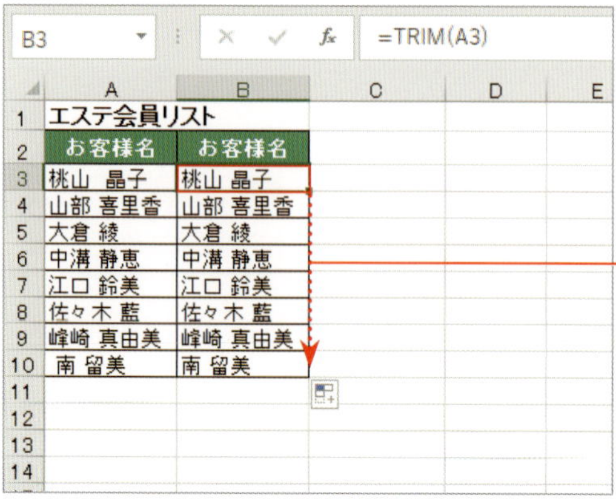

5 先頭と末尾の空白が削除され、苗字と名前の間に空白が1個だけ挿入された氏名になった

No.120 2つの**文字列を比較**して同じかどうか調べるには

EXACT関数は[文字列1]と[文字列2]に指定した2つの文字列が同じであるかどうかを調べます。

これを使おう =EXACT(文字列1, 文字列2)

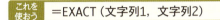

2 [関数の挿入]ボタンをクリック

1 D3のセルを選択

3 [関数の挿入]ダイアログボックスで、[関数の分類]から[文字列操作]を選択し、[関数名]で[EXACT]を選択

4 [文字列1]にC3のセル

5 [文字列2]にG3のセルを指定

💡 文字列が同じであれば[TRUE]、異なれば[FALSE]になります。全角と半角、英字の大文字と小文字は区別されます。

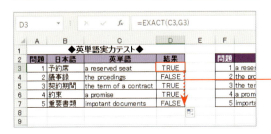

6 D列に正解表との判定結果が求められる。関数を下までコピー

No.121 指定した回数だけ文字列を繰り返して表示するには

REPT関数は[繰り返し回数]で指定した回数だけ文字列を繰り返します。

これを使おう =REPT(文字列, 繰り返し回数)

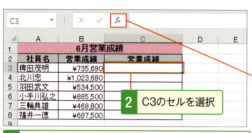

1. 営業成績の金額の¥100,000ごとに☆を付けてみよう
2. C3のセルを選択
3. [関数の挿入]ボタンをクリック
4. [関数の挿入]ダイアログボックスで、[関数の分類]から[文字列操作]を選択し、[関数名]で[REPT]を選択

5. [文字列]に「"☆"」と入力
6. [繰り返し回数]に「B3/100000」と入力

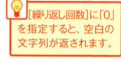

💡 [繰り返し回数]に「0」を指定すると、空白の文字列が返されます。

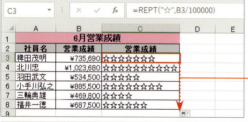

7. 営業成績の金額の¥100,000ごとに1つの「☆」が表示されるので、入力された関数を下までコピー

⬆ スキルアップ

[文字列]と[繰り返し回数]

[文字列]には繰り返して表示する文字列を、二重引用符「""」で囲んで指定するか、文字列が入力されたセルの参照を指定します。[繰り返し回数]には繰り返す回数を[0]～[32,767]の整数で指定します。

第8章
論理関数で便利に条件を絞るワザ

論理値というのはデータの種類の一つです。論理値には「TRUE」(真：本当であること)と「FALSE」(偽：本当ではないこと)という2つの値があります。つまり、IF関数などで指定した条件が「TRUE」ならば条件成立、「FALSE」ならば条件不成立という意味です。

No.122 論理値とは?

[論理]関数は論理値を扱う関数です。論理値には「TRUE」と「FALSE」があり、それぞれ「真」と「偽」を表します。

これを使おう 条件を満たすと「TRUE」、満たさないと「FALSE」

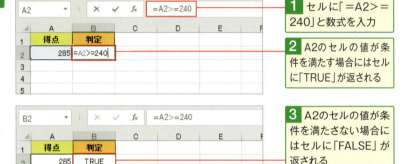

1. セルに「=A2>=240」と数式を入力
2. A2のセルの値が条件を満たす場合にはセルに「TRUE」が返される
3. A2のセルの値が条件を満たさない場合にはセルに「FALSE」が返される

💡 条件式の結果を満たすと「TRUE」、満たさないと「FALSE」の判定になり、IF関数以外の[論理]関数は計算結果を「TRUE」か「FALSE」で表わされます。

4. [論理]関数で条件式を使用して結果を求めるには、左のように引数の[論理式]に条件式を入力

スキルアップ

条件式で使う比較演算子

条件式とは比較演算子を使用した数式のことです。比較演算子には6種類あり、比較対象に文字列を指定する場合は、二重引用符「""」で文字列を囲みます。

比較演算子	内容
=	〜に等しい
<>	〜に等しくない
>=	〜以上
<=	〜以下
>	〜より大きい
<	〜より小さい

No.123 条件を満たすか満たさないかで処理を変えるには

IF関数は[論理式]に指定した条件を満たす場合は[真の場合]の値を返し、満たさない場合は[偽の場合]の値になります。

これを使おう =IF(論理式 [, 真の場合] [, 偽の場合])

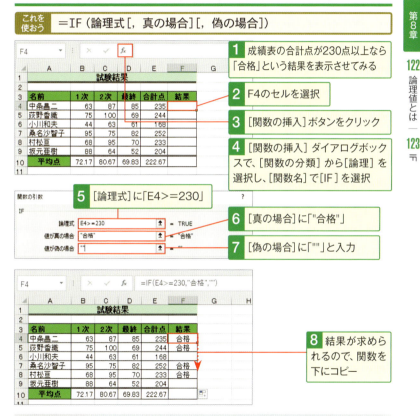

1. 成績表の合計点が230点以上なら「合格」という結果を表示させてみる
2. F4のセルを選択
3. [関数の挿入]ボタンをクリック
4. [関数の挿入]ダイアログボックスで、[関数の分類]から[論理]を選択し、[関数名]で[IF]を選択
5. [論理式]に「E4>=230」
6. [真の場合]に「"合格"」
7. [偽の場合]に「""」と入力
8. 結果が求められるので、関数を下にコピー

スキルアップ

真と偽の値

[真の場合]と[偽の場合]に指定する値には、例のように直接入力するほかに、セルの参照や数式も指定できます。文字列を直接入力する場合は、例のように二重引用符「""」で囲んで指定します。

No.124 複数の条件のすべてを満たすかどうか調べるには

AND関数は[論理式]に指定した条件がすべて満たされている場合は「TRUE」になり、1つでも満たしていない場合は「FALSE」になります。

これを使おう =AND（論理式1 [, 論理式2,・・・, 論理式255]）

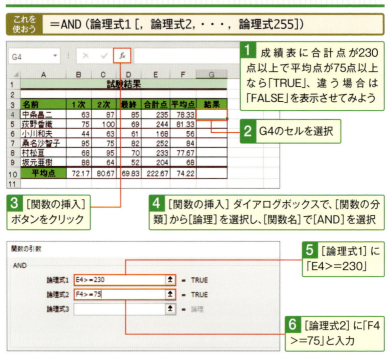

1 成績表に合計点が230点以上で平均点が75点以上なら「TRUE」、違う場合は「FALSE」を表示させてみよう

2 G4のセルを選択

3 [関数の挿入]ボタンをクリック

4 [関数の挿入]ダイアログボックスで、[関数の分類]から[論理]を選択し、[関数名]で[AND]を選択

5 [論理式1]に「E4>=230」

6 [論理式2]に「F4>=75」と入力

7 セルに結果が求められるので、関数を下にコピー

No. 125 複数の条件のどれか1つでも満たすかどうか調べるには

OR関数は[論理式]に指定した条件の1つでも満たされていれば「TRUE」、すべての条件が満たされていない場合は「FALSE」になります。

これを使おう =OR(論理式1 [, 論理式2, ・・・, 論理式255])

1 成績表に1次試験が90点以上、または2次試験と最終試験のどちらかが80点以上なら「TRUE」、違う場合は「FALSE」を表示させてみよう

2 G4のセルを選択

3 [関数の挿入]ボタンをクリック

4 [関数の挿入]ダイアログボックスで、[関数の分類]から[論理]を選択し、[関数名]で[OR]を選択

5 [論理式1]に「B4>=90」

6 [論理式2]に「C4>=80」

7 [論理式3]に「D4>=80」と入力

8 セルに結果が求められるので、関数を下にコピー

No. 126 条件が満たされていないかどうか調べるには

NOT関数は[論理式]に指定した条件が満たされていないかを調べます。満たされていれば「FALSE」、満たされていない場合は「TRUE」になります。

これを使おう =NOT(論理式)

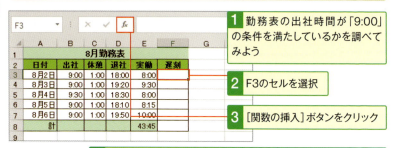

1. 勤務表の出社時間が「9:00」の条件を満たしているかを調べてみよう
2. F3のセルを選択
3. [関数の挿入]ボタンをクリック
4. [関数の分類]から[論理]を選択し、[関数名]で[NOT]を選択

5. [論理式]に条件式「B3="9:00"*1」と入力

> 💡 日付や時刻を条件に指定する場合は、二重引用符「""」で囲んで「*1」と入力します。

6. B3のセルに入力されている時刻は「9:00」で条件式が満たされるので、「FALSE」が表示される。関数を下にコピー

No.127 値がエラーになる場合にセルに表示する値を変えるには

IFERROR関数は[値]に指定した値や数式がエラーの場合、[エラーの場合の値]に指定した値を表示します。

これを使おう =IFERROR(値, エラーの場合の値)

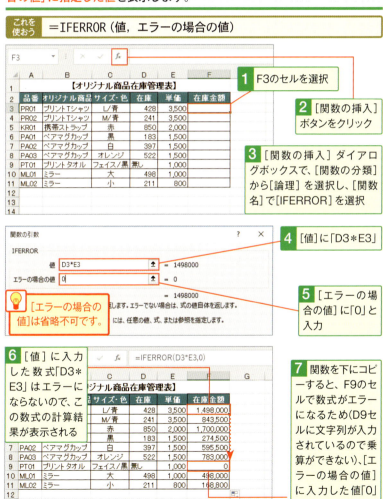

1. F3のセルを選択
2. [関数の挿入]ボタンをクリック
3. [関数の挿入]ダイアログボックスで、[関数の分類]から[論理]を選択し、[関数名]で[IFERROR]を選択
4. [値]に「D3*E3」
5. [エラーの場合の値]に「0」と入力

[エラーの場合の値]は省略不可です。

6. [値]に入力した数式「D3*E3」はエラーにならないので、この数式の計算結果が表示される
7. 関数を下にコピーすると、F9のセルで数式がエラーになるため(D9セルに文字列が入力されているので乗算ができない)、[エラーの場合の値]に入力した値「0」が表示される

No.128 真の値／偽の値を得るには

TRUE関数は、論理値「TRUE」を返す関数です。引数は不要です。Excelでは論理値を直接セルに入力できるので、あまり使われることはありません。

| これを使おう | =TRUE()　=FALSE() |

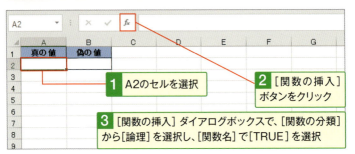

1 A2のセルを選択
2 [関数の挿入]ボタンをクリック
3 [関数の挿入]ダイアログボックスで、[関数の分類]から[論理]を選択し、[関数名]で[TRUE]を選択

4 そのまま[OK]ボタンをクリック

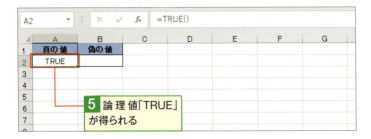

5 論理値「TRUE」が得られる

スキルアップ

FALSE関数では

同様に、FALSE関数で論理値「FALSE」を得ることができます。

第9章
情報関数でデータを調べるワザ

情報関数は、データの状態の検査、エラー値や空白などのセル情報を調べるときに使われる関数です。主に使われるのはIS関数と呼ばれる関数群で、全部で13種類用意されています。ほかにもエラーの種類やデータの種類を調べる関数などもあります。

No.129 セルの内容を判定するためのIS関数について知ろう

「IS」で始まる関数を「IS関数」と呼び、セルの内容を調べるときに利用します。引数には対象となるセルを指定します。

これを使おう　IS関数

1 最初の例では、A列のセルが空欄かどうかを調べるため、B列にISBLANK関数が設定されている

2 一見、A2、A3のセルはどちらも空欄に見える

3 B3のセルには「FALSE」と表示されているので、A3のセルにスペースが入力されていることがわかる

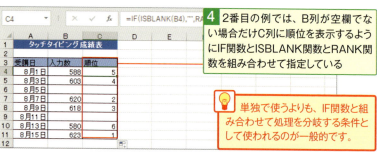

4 2番目の例では、B列が空欄でない場合だけC列に順位を表示するようにIF関数とISBLANK関数とRANK関数を組み合わせて指定している

> 💡 単独で使うよりも、IF関数と組み合わせて処理を分岐する条件として使われるのが一般的です。

⊕スキルアップ

IS関数の種類

「IS」で始まる関数には次の11種類があり、指定方法や引数は共通です。

関数	内容
ISBLANK（No.130）	対象セルが空白かどうかを調べる
ISNUMBER（No.133）	対象セルが数値かどうかを調べる
ISTEXT・ISNONTEXT（No.134）	対象セルが文字列かどうかを調べる
ISLOGICAL（No.135）	対象セルが論理値かどうかを調べる
ISERROR（No.131）	対象セルがエラー値かどうかを調べる
ISERR（No.132）	対象セルが#N/A以外のエラー値かどうかを調べる
ISEVEN・ISODD（No.136）	対象セルが偶数・奇数かどうかを調べる
ISNA（No.132）	対象セルがエラー値#N/Aかどうかを調べる

No.130 セルが空白かどうかを調べるには

ISBLANK関数は[テストの対象]に指定したセルの内容が空白であるかどうかを調べます。空白なら「TRUE」、空白でなければ「FALSE」を返します。

これを使おう =ISBLANK(テストの対象)

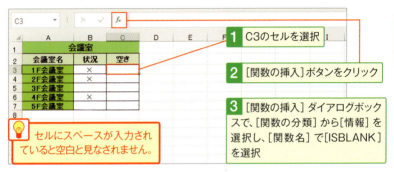

1. C3のセルを選択
2. [関数の挿入]ボタンをクリック
3. [関数の挿入]ダイアログボックスで、[関数の分類]から[情報]を選択し、[関数名]で[ISBLANK]を選択

💡 セルにスペースが入力されていると空白と見なされません。

4. [テストの対象]にB3のセルを指定

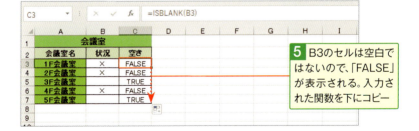

5. B3のセルは空白ではないので、「FALSE」が表示される。入力された関数を下にコピー

⊕スキルアップ
IS関数は結果を[TRUE]か[FALSE]で表わす

[情報]関数の中で関数名の先頭にISが付く関数はIS関数とよばれ、すべて結果を[TRUE]か[FALSE]で表示します。

No.131 セルの値がエラーかどうかを調べるには

ISERROR関数は[テストの対象]のエラー値を調べます。[テストの対象]にはセル／数式、またはセル／数式／値を参照する名前を指定します。

これを使おう =ISERROR(テストの対象)

ISERROR関数で調べられるエラー値の種類

エラー値	エラーの意味
#NULL!	参照演算子（「:」「,」）や2つのセル範囲に共通部分がない
#DIV/0!	0や空白のセルで割り算が行われている
#NAME?	引数の型が間違っている（数値を扱う引数に文字列を指定など）
#REF!	参照先のセルの削除または移動で正しく参照できなくなっている
#NAME?	関数名やセルに付けた名前が間違っている
#NUM!	計算結果がExcelで使用できる範囲外である
#N/A	検索値や処理の対象となるデータが見つからない

1. E2のセルを選択
2. [関数の挿入]ボタンをクリック
3. [関数の挿入]ダイアログボックスで、[関数の分類]から[情報]を選択し、[関数名]で[ISERROR]を選択
4. [テストの対象]にD2のセルを指定
5. D2のセルがエラー値のとき、「TRUE」と表示される

No.132 セルの値が#N/Aかどうか／#N/A以外のエラー値かどうかを調べるには

ISNA関数は、[テストの対象]に指定したセルの内容や数式について、「#N/A」のエラー値かどうかを調べます。

これを使おう　＝ISNA（テストの対象）　＝ISERR（テストの対象）

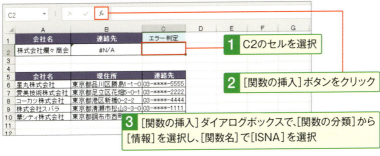

❶ スキルアップ

ISERR関数では

ISERR関数では、対象が「#N/A」以外のエラー値の場合に「TRUE」を返し、「#N/A」であるかエラー値でない場合に「FALSE」を表わします。[テストの対象]には、テストするセル／数式およびこれらを参照する名前を指定します。

No.133 セルの値が数値かどうかを調べるには

ISNUMBER関数は[テストの対象]に指定した対象が数値かどうかを調べます。

これを使おう ＝ISNUMBER(テストの対象)

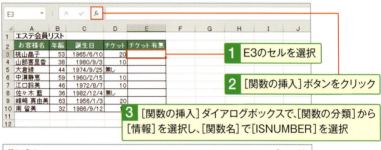

1 E3のセルを選択

2 [関数の挿入]ボタンをクリック

3 [関数の挿入]ダイアログボックスで、[関数の分類]から[情報]を選択し、[関数名]で[ISNUMBER]を選択

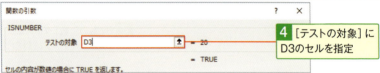

4 [テストの対象]にD3のセルを指定

5 D3のセルには数値が入力されているので、「TRUE」が表示される。関数を下にコピー

⊕ スキルアップ

このほかのIS関数

IS関数はこのほかに、ISLOGICAL(論理値かどうか)、ISEVEN(偶数かどうか)、ISNONTEXT(文字列値以外かどうか)、ISODD(奇数かどうか)、ISREF(セル参照かどうか)、ISTEXT(文字列値かどうか)があります。次ページでいくつか紹介します。

No. 134 セルの値が文字列かどうかを調べるには

ISTEXT関数は[テストの対象]に指定したセルの値が文字列の場合は「TRUE」を表示し、文字列以外の場合は「FALSE」を表示します。

> **これを使おう** ＝ISTEXT(テストの対象)　＝ISNONTEXT(テストの対象)

1. C3のセルを選択
2. [関数の挿入]ボタンをクリック
3. [関数の挿入]ダイアログボックスで、[関数の分類]に[情報]を選択[関数名]で[ISTEXT]を選択

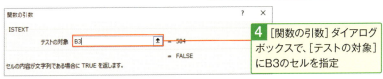

4. [関数の引数]ダイアログボックスで、[テストの対象]にB3のセルを指定

5. B列の売上金額に文字列が入力されている場合は「TRUE」と表示され、数値が入力されている場合は「FALSE」と表示される。C3のセルに入力された関数を下までコピー

⊕トラブル解決

ISNONTEXT関数では空白セルも「TRUE」になる

ISNONTEXT関数は、反対に、文字列以外の場合に「TRUE」を表示し、文字列の場合は「FALSE」を表示します。また、[テストの対象]に指定したセルが、空白セルを参照する場合も「TRUE」が表示されるので注意が必要です。

No. 135 セルの値が論理値かどうかを調べるには

ISLOGICAL関数は[テストの対象]に指定したセルの内容が論理値の場合は「TRUE」を表示します。論理値以外の場合は「FALSE」を表示します。

これを使おう =ISLOGICAL(テストの対象)

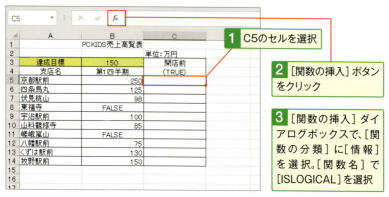

1. C5のセルを選択
2. [関数の挿入]ボタンをクリック
3. [関数の挿入]ダイアログボックスで、[関数の分類]に[情報]を選択。[関数名]で[ISLOGICAL]を選択

4. [関数の引数]ダイアログボックスで、[テストの対象]にB5のセルを指定

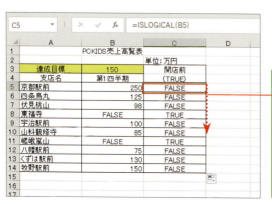

5. B列の売上の値が論理値の場合は「TRUE」と表示され、論理値以外の値が入力されている場合は「FALSE」と表示される。C5のセルに入力された関数を下までコピー

No.136 セルの値が偶数かどうかを調べるには

ISEVEN関数は[テストの対象]に指定したセルの値が偶数の場合は「TRUE」を返し、奇数の場合は「FALSE」を返します。

これを使おう =ISEVEN(テストの対象)　=ISODD(テストの対象)

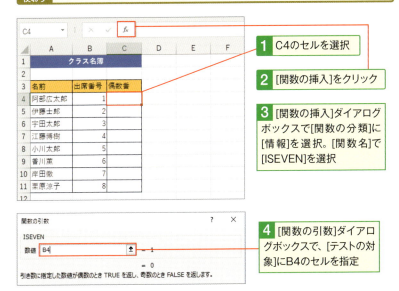

1. C4のセルを選択
2. [関数の挿入]をクリック
3. [関数の挿入]ダイアログボックスで[関数の分類]に[情報]を選択。[関数名]で[ISEVEN]を選択

4. [関数の引数]ダイアログボックスで、[テストの対象]にB4のセルを指定
5. B列の出席番号の値が偶数の場合は「TRUE」と表示され、奇数の場合は「FALSE」と表示される。C4のセルに入力された関数を下までコピー

No.137 エラーの種類を調べるには

ERROR.TYPE関数は[エラー値]に指定したエラー値の種類を調べ、エラー値に対応する「1」～「7」の数値を表示します。

> これを使おう **=ERROR.TYPE(エラー値)**

ERROR.TYPE関数が返す数値

エラー値	数値
#NULL!	1
#DIV/0!	2
#VALUE!	3
#REF!	4

エラー値	数値
#NAME?	5
#NUM!	6
#N/A	7

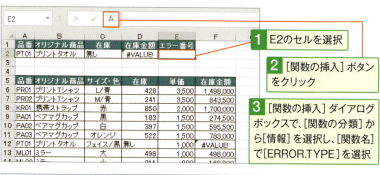

1. E2のセルを選択
2. [関数の挿入]ボタンをクリック
3. [関数の挿入]ダイアログボックスで、[関数の分類]から[情報]を選択し、[関数名]で[ERROR.TYPE]を選択

4. [エラー値]にD2のセルを指定

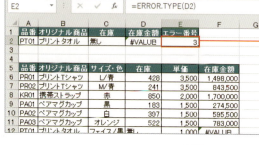

5. D2のセルはエラー値「#VALUE!」になっているので、対応する「3」が表示される

No.138 データの種類を調べるには

TYPE関数は[データタイプ]に指定したデータの種類を調べ、対応する数値を表示します。

これを使おう =TYPE(データタイプ)

TYPE関数で求められるデータ型による数値

データ型	数値
数値、数式、空白	1
文字列	2

データ型	数値
論理値(TRUE、FALSE)	16
配列	64

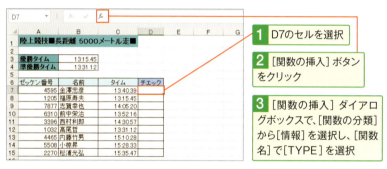

1 D7のセルを選択

2 [関数の挿入]ボタンをクリック

3 [関数の挿入]ダイアログボックスで、[関数の分類]から[情報]を選択し、[関数名]で[TYPE]を選択

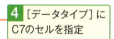

4 [データタイプ]にC7のセルを指定

5 C7のセルには時刻のシリアル値が入力されているので「1」が表示される

6 関数を下にコピーすると、D13のセルに「2」と表示されるので、C13のセルに時刻が文字列値として入力されていることがわかる

159

No.139 システムについての情報を表示するには

INFO関数はシステムに関する情報を表示します。[検査の種類]に調べる文字列を二重引用符「""」で囲むか、文字列が入力されたセルを指定します。

これを使おう =INFO(検査の種類)

[検査の種類]に指定する文字列と表示される情報

検査の種類	表示される情報
memavail	使用可能なメモリ容量
memused	データを一時的に保存するために使用しているメモリ容量
totmem	システムに搭載されている総メモリ容量
directory	フォルダのパス名
numfile	現在開かれているワークシートの枚数
origin	表示されているウィンドウの左上隅にあるセル参照
recalc	設定されている再計算のモード
osversion	現在使用しているOSのバージョン
release	Excelのバージョン
system	Excelの操作環境の名前

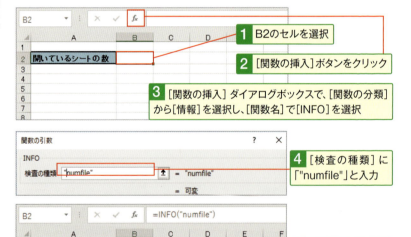

1 B2のセルを選択
2 [関数の挿入]ボタンをクリック
3 [関数の挿入]ダイアログボックスで、[関数の分類]から[情報]を選択し、[関数名]で[INFO]を選択
4 [検査の種類]に「"numfile"」と入力
5 開いているシートの数が表示される

No.140 セルの情報を表示するには

CELL関数はセルの情報を表示します。[検査の種類]には調べる文字列を二重引用符「""」で囲むか、文字列が入力されたセルの参照を指定します。

これを使おう
=CELL(検査の種類 [, 参照])

[検査の種類]で指定する文字列と表示される情報(一部)

検査の種類	表示される情報
contents	セルの内容
filename	ファイルの名前(フルパス)
format	セルの表示形式の書式コード
prefix	セルに入力されている文字列の配置
protect	セルがロックされている場合は「1」、されていない場合は「0」

1 B6のセルを選択

2 [関数の挿入]ボタンをクリック

3 [関数の挿入]ダイアログボックスで、[関数の分類]から[情報]を選択し、[関数名]で[CELL]を選択

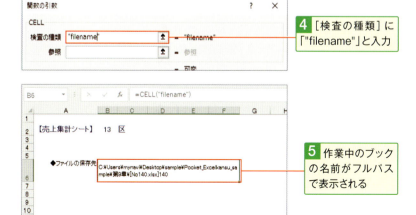

4 [検査の種類]に「"filename"」と入力

5 作業中のブックの名前がフルパスで表示される

No.141 文字列のふりがなを取り出すには

PHONETIC関数は[参照]([範囲])に指定したセルの文字列のふりがなを取り出します。範囲内の文字列のふりがなをすべて結合して取り出します。

これを使おう ＝PHONETIC（参照）

1. B3のセルを選択
2. [関数の挿入]ボタンをクリック
3. [関数の挿入]ダイアログボックスで、[関数の分類]から[情報]を選択し、[関数名]で[PHONETIC]を選択

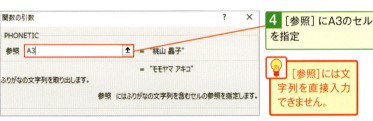

4. [参照]にA3のセルを指定

💡 [参照]には文字列を直接入力できません。

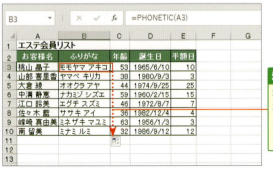

5. A3のセルに入力されている名前のふりがなが取り出される。入力されている関数を下にコピー

第10章
財務関数でお金を便利に扱うワザ

財務関数とは、投資やローンに関わる計算を行う関数です。ローンの毎回の返済額を求めたり、元金均等返済での返済額の支払利息を求めるなど、お金に関する複雑な計算を行える関数です。

No.142 財務関数を使う前に用語を確認しておこう

財務関数はローン計算など財務処理に関する計算を行うための関数です。

これを使おう ローン計算など財務処理に関する計算を行うための関数

PMT関数、FV関数、PV関数、NPER関数、RATE関数は下表の6つの同じ引数を持ちます。これらの関数では、「支払期日」を除く5つの引数のうち、4つの引数を指定して残りの1つを求める形になります。この5つの引数を理解しておけば財務関数を適切に使えるでしょう。

引数	内容
利率	借入や積立などの利率 ※年払いの場合は年利、月払いの場合は月利を指定
期間	借入による返済や積立の期間 ※年利の場合は年数、月利の場合は月数を指定
定期支払額	毎回支払額。借入による毎回支払額や貯蓄の毎月積立額など ※年払い――［利率］は年利、［期間］は年数を指定 　月払い――［利率］は月利、［期間］は月数を指定
現在価値	投資の場合――――――現在の投資額 返済・借入の場合――借入金額 貯蓄の場合――――――元金、現在の預金
将来価値	投資の場合――――――回収できる将来の金額 返済・借入の場合――返済後の借入の残金 貯蓄の場合――――――将来受け取る金利を加えた満期額
支払期日	支払いの時期。期末の場合0（または省略）、期首の場合1を指定

スキルアップ

引数や計算結果の符号について

投資や返済など出金に関する関数の引数や計算結果は負の数で表示し、配当金や満期額など入金に関する関数の引数や計算結果は正の数で表示します。毎月の返済額など出金の計算でも正の数で計算結果を求めたい場合は、［現在価値］に負の数で指定します。

No.143 積立の毎月積立額やローンの毎回の返済額を求めるには

PMT関数は[利率]と[期間]を指定して一定の利率の支払いが定期的に行われる場合の定期支払額を求めます。

これを使おう ＝PMT(利率, 期間, 現在価値[, 将来価値, 支払期日])

1. 現在の頭金「¥100,000」、積立期間60カ月、年利2.50%として「¥1,500,000」の積立を行う場合の毎月の積立額を求める
2. B8のセルを選択
3. [関数の挿入]ボタンをクリック
4. [関数の挿入]ダイアログボックスで、[関数の分類]から[財務]を選択し、[関数名]で[PMT]を選択
5. [利率]に「B7/12」と入力
6. [期間]にB6のセルを選択
7. [現在価値]に「-B5」と入力
8. [将来価値]にB3のセルを選択

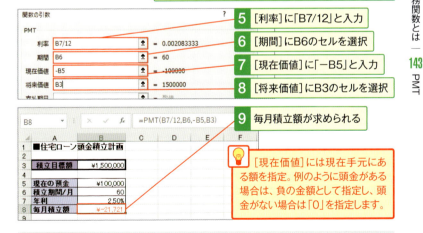

9. 毎月積立額が求められる

💡 [現在価値]には現在手元にある額を指定。例のように頭金がある場合は、負の金額として指定し、頭金がない場合は「0」を指定します。

スキルアップ

出金に関する関数の計算結果は負の額

財務関数では、出金に関する関数の計算結果は負の額となります。毎年返済額を求める場合は、[利率]と[期間]を年単位に揃えます。

No.144 返済金額のうちの元金返済額を求めるには

PPMT関数は[利率]と[期間]を指定して一定の利率の支払いが定期的に行われる場合の定期支払額のうち元金支払額を求めます。

> これを使おう
> ＝PPMT（利率，期，期間，現在価値
> ［，将来価値，支払期日］）

1. 住宅ローンの毎年返済額のうちの元金返済額を求める
2. E4のセルを選択
3. [関数の挿入]ボタンをクリック
4. [関数の挿入]ダイアログボックスで、[関数の分類]から[財務]を選択し、[関数名]で[PPMT]を選択

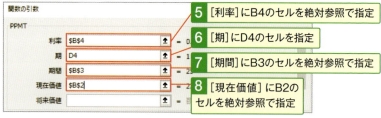

5. [利率]にB4のセルを絶対参照で指定
6. [期]にD4のセルを指定
7. [期間]にB3のセルを絶対参照で指定
8. [現在価値]にB2のセルを絶対参照で指定

9. 第1期の元金返済額が求められるので、関数を下にコピー

💡 [期]には元金支払額を求める期（例えば、1回目の支払いなら「1」）を指定します。

No.145 返済金額のうちの金利相当額を求めるには

IPMT関数は[利率]と[期間]を指定して一定の利率の支払いが定期的に行われる場合の定期支払額のうち支払われる金利を求めます。

これを使おう =IPMT(利率, 期, 期間, 現在価値 [, 将来価値, 支払期日])

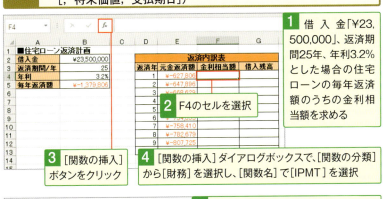

1. 借入金「¥23,500,000」、返済期間25年、年利3.2%とした場合の住宅ローンの毎年返済額のうちの金利相当額を求める
2. F4のセルを選択
3. [関数の挿入]ボタンをクリック
4. [関数の挿入]ダイアログボックスで、[関数の分類]から[財務]を選択し、[関数名]で[IPMT]を選択

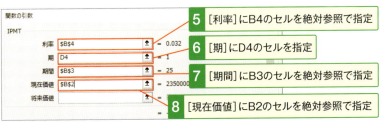

5. [利率]にB4のセルを絶対参照で指定
6. [期]にD4のセルを指定
7. [期間]にB3のセルを絶対参照で指定
8. [現在価値]にB2のセルを絶対参照で指定

9. 第1期の金利相当額が求められるので、関数を下にコピー

No.146 元金均等返済での返済額の支払利息を求めるには

ISPMT関数は元金均等返済（毎回同じ金額の元金を返済する方法）での毎回支払額のうち支払われる金利を求めます。

これを使おう =ISPMT（利率，期，期間，現在価値）

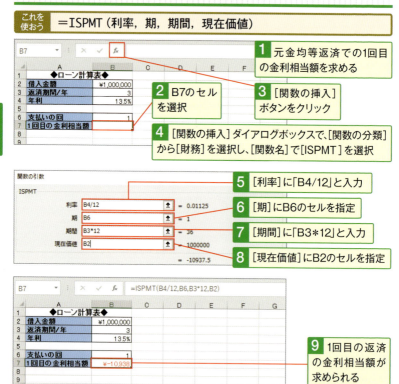

スキルアップ

毎年返済額のうち支払われる金利を求める場合

例の場合は、毎月返済額のうち支払われる金利を求めるため、[利率]には年利を「12」で除算し月利にした値を指定し、[期間]には年数に「12」を乗算し月数にした値を指定します。元金均等返済で毎年返済額のうち支払われる金利を求める場合は、[利率]と[期間]にはそのままセルの値を指定します。

No. 147 ローンの支払月数を求めるには

NPER関数は一定の利率で[定期支払額]に指定した金額ずつ定期的に支払いが行われる場合の支払回数を求めます。

これを使おう　=NPER(利率, 定期支払額, 現在価値 [, 将来価値, 支払期日])

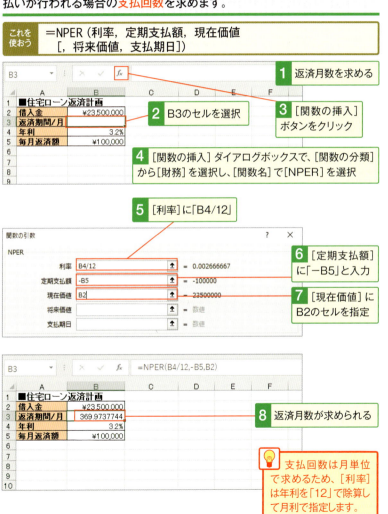

No. 148 ローンの利率を求めるには

RATE関数は一定の利率で[定期支払額]に指定した金額ずつ定期的に支払いが行われる場合の利率を求めます。

これを使おう
=RATE（期間，定期支払額，現在価値 [，将来価値，支払期日，推定値]）

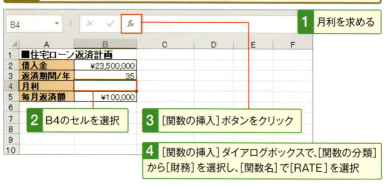

1 月利を求める
2 B4のセルを選択
3 [関数の挿入]ボタンをクリック
4 [関数の挿入]ダイアログボックスで、[関数の分類]から[財務]を選択し、[関数名]で[RATE]を選択

5 [期間]に「B3*12」
6 [定期支払額]に「-B5」
7 [現在価値]にB2のセルを選択

8 月利が求められる

💡 利率は月利で求めるため、[期間]は年数に「12」を乗算して月数で指定します。

No. 149 積立の満期額を求めるには

FV関数は[利率]と[期間]を指定して[定期支払額]に指定した金額が一定の利率で定期的に支払いが行われる場合の将来価値を求めます。

これを使おう =FV(利率, 期間, 定期支払額[, 現在価値, 支払期日])

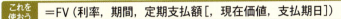

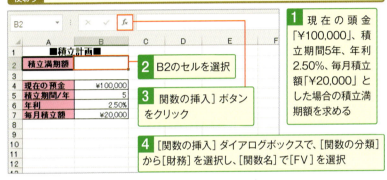

1. 現在の頭金「¥100,000」、積立期間5年、年利2.50%、毎月積立額「¥20,000」とした場合の積立満期額を求める
2. B2のセルを選択
3. [関数の挿入]ボタンをクリック
4. [関数の挿入]ダイアログボックスで、[関数の分類]から[財務]を選択し、[関数名]で[FV]を選択

5. [利率]に「B6/12」
6. [期間]に「B5*12」
7. [定期支払額]に「-B7」
8. [現在価値]に「-B4」と入力

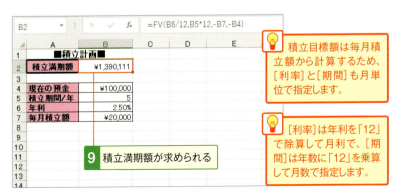

9. 積立満期額が求められる

💡 積立目標額は毎月積立額から計算するため、[利率]と[期間]も月単位で指定します。

💡 [利率]は年利を「12」で除算して月利で、[期間]は年数に「12」を乗算して月数で指定します。

No. 150 ローンで借入できる金額を求めるには

PV関数は[利率]と[期間]を指定して[定期支払額]に指定した金額が一定の利率で定期的に支払を行う場合の現在価値を求めます。

これを使おう =PV(利率, 期間, 定期支払額[, 将来価値, 支払期日])

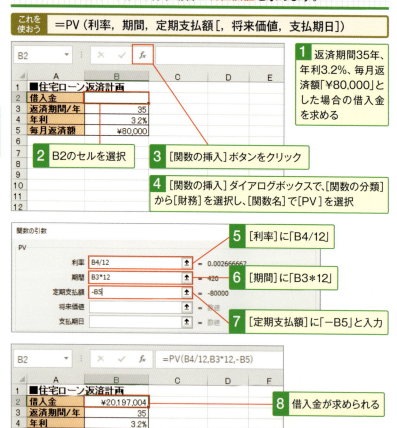

1. 返済期間35年、年利3.2%、毎月返済額「¥80,000」とした場合の借入金を求める
2. B2のセルを選択
3. [関数の挿入]ボタンをクリック
4. [関数の挿入]ダイアログボックスで、[関数の分類]から[財務]を選択し、[関数名]で[PV]を選択
5. [利率]に「B4/12」
6. [期間]に「B3*12」
7. [定期支払額]に「-B5」と入力
8. 借入金が求められる

💡 借入金は毎月返済額から計算するため、[利率]と[期間]も月単位で指定します。

No.151 定額法で減価償却費を求めるには

減価償却費の計算方法には[定額法]と[定率法]があります。毎年一定の額を償却する[定額法]の償却費はSLN関数で求められます。

これを使おう =SLN(取得価額, 残存価額, 耐用年数)

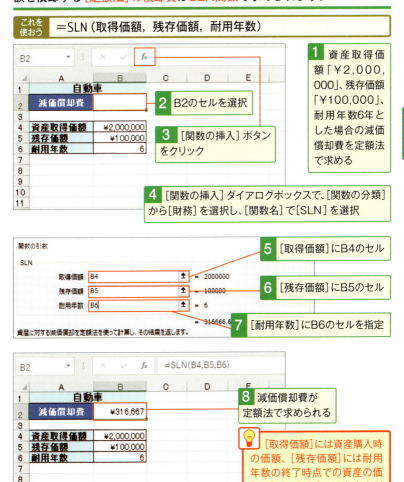

1 資産取得価額「¥2,000,000」、残存価額「¥100,000」、耐用年数6年とした場合の減価償却費を定額法で求める

2 B2のセルを選択

3 [関数の挿入]ボタンをクリック

4 [関数の挿入]ダイアログボックスで、[関数の分類]から[財務]を選択し、[関数名]で[SLN]を選択

5 [取得価額]にB4のセル

6 [残存価額]にB5のセル

7 [耐用年数]にB6のセルを指定

8 減価償却費が定額法で求められる

[取得価額]には資産購入時の価額、[残存価額]には耐用年数の終了時点での資産の価額、[耐用年数]には資産を利用できる年数を指定します。

No.152 定率法で減価償却費を求めるには

毎年一定率を償却する[定率法]の減価償却費はDB関数で求められます。

これを使おう =DB(取得価額,残存価額,耐用年数,期[,月])

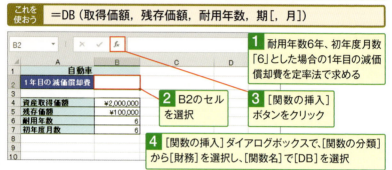

1. 耐用年数6年、初年度月数「6」とした場合の1年目の減価償却費を定率法で求める
2. B2のセルを選択
3. [関数の挿入]ボタンをクリック
4. [関数の挿入]ダイアログボックスで、[関数の分類]から[財務]を選択し、[関数名]で[DB]を選択

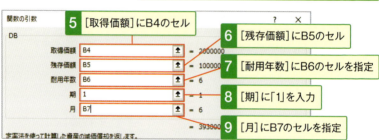

5. [取得価額]にB4のセル
6. [残存価額]にB5のセル
7. [耐用年数]にB6のセルを指定
8. [期]に「1」を入力
9. [月]にB7のセルを指定

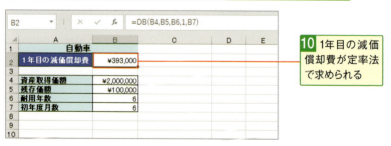

10. 1年目の減価償却費が定率法で求められる

> [取得価額]には資産購入時の価額、[残存価額]には耐用年数の終了時点での資産の価額、[耐用年数]には資産を利用できる年数、[期]には減価償却費を計算する期間、[月]には資産購入時の年の月数を指定します。

第11章
関数組み合わせワザでもっと便利に

これまでいろいろな種類の関数について紹介してきました。本章では、それらの関数を組み合わせてもっと便利に関数を使いこなすためのワザを紹介していきます。また、関数を組み合わせることを「ネスト」と言います。

No.153 関数をネストする際に[関数の引数]で引数を指定するには

関数の引数に関数を入れて組み合わせることを「ネスト」といいます。別の関数の結果をもとに計算を行いたい場合には関数をネストした数式を使えば1つの数式ですみます。

> **これを使おう** ＝名前ボックスを利用する

1 ROUND関数にAVERAGE関数をネストして成績表の平均点を小数点以下第2位までで求める

2 セルを選択して、[関数の挿入]ボタンをクリック。[関数の分類]から[数学／三角]をクリックして表示されるメニューから[ROUND]を選択

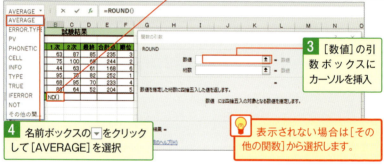

3 [数値]の引数ボックスにカーソルを挿入

4 名前ボックスの▼をクリックして[AVERAGE]を選択

💡 表示されない場合は[その他の関数]から選択します。

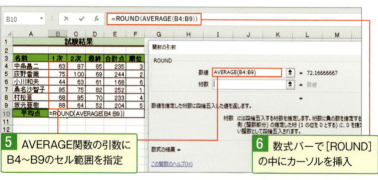

5 AVERAGE関数の引数にB4～B9のセル範囲を指定

6 数式バーで[ROUND]の中にカーソルを挿入

7 ROUND関数の[関数の引数]ダイアログボックスが表示されるので、[桁数]に[2]と入力して[OK]ボタンをクリック

No.154 データが入力された時点で別表から参照データを表示するには

「コード」が未入力の場合は何も表示せずに、入力されている場合にだけ、VLOOKUP関数を使って別表から対応する「データ」を表示します。

これを使おう ＝IF関数の[偽の場合]にVLOOKUP関数をネストする

1. B列に「コード」が入力されている場合には、E列からF列に作成した別表から「趣味」を表示するには
2. C4のセルを選択
3. [関数の挿入]ボタンをクリック
4. [関数の挿入]ダイアログボックスで、[関数の分類]に[論理]を選択。[関数名]で[IF]を選択

5. [関数の引数]ダイアログボックスで、[論理式]に「B4=""」と入力
6. [真の場合]に「""」
7. [偽の場合]に「VLOOKUP(B4,$E$4:$F$10,2,FALSE)」と入力。E4からF10までのセル範囲は、コピー時にずれないよう絶対参照にして、[OK]ボタンをクリック。

8. コードに対応したデータが表示された。C4のセルに入力された関数を下までコピー

第11章 ネストとは — 154 IF/VLOOKUP

No.155 複数の条件をすべて満たす場合の処理を指定するには

IF関数を使って「各教科の点数が全体の平均以上である」という条件をすべて満たす場合には「◎」を表示し、下回っている場合には表示しません。

これを使おう ＝IF関数の[論理式]にAND関数をネストする

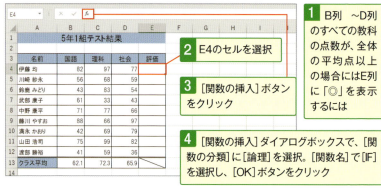

1 B列 ～D列のすべての教科の点数が、全体の平均点以上の場合にはE列に「◎」を表示するには

2 E4のセルを選択

3 [関数の挿入]ボタンをクリック

4 [関数の挿入]ダイアログボックスで、[関数の分類]に[論理]を選択。[関数名]で[IF]を選択し、[OK]ボタンをクリック

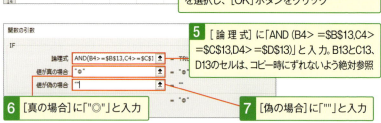

5 [論理式]に「AND(B4>=$B$13,C4>=$C$13,D4>=$D$13)」と入力。B13とC13、D13のセルは、コピー時にずれないよう絶対参照

6 [真の場合]に「"◎"」と入力

7 [偽の場合]に「""」と入力

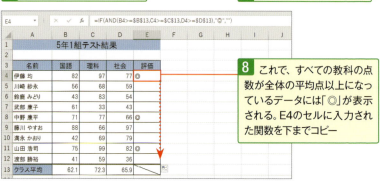

8 これで、すべての教科の点数が全体の平均点以上になっているデータには「◎」が表示される。E4のセルに入力された関数を下までコピー

No.156 セルの値が数値か文字かによって処理を変えるには

IF関数を使って「仕入単価」に入力されているデータの種類（文字列、数値、空白文字列）によって処理方法を3とおりに分岐します。

これを使おう ＝IF関数にISTEXT関数とISNUMBER関数をネストする

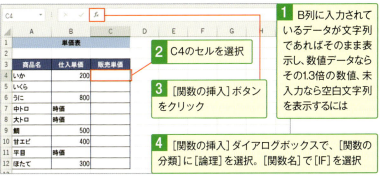

1 B列に入力されているデータが文字列であればそのまま表示し、数値データならその1.3倍の数値、未入力なら空白文字列を表示するには

2 C4のセルを選択

3 ［関数の挿入］ボタンをクリック

4 ［関数の挿入］ダイアログボックスで、［関数の分類］に［論理］を選択。［関数名］で［IF］を選択

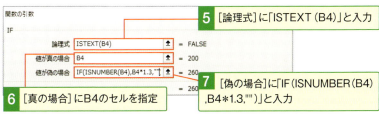

5 ［論理式］に「ISTEXT(B4)」と入力

6 ［真の場合］にB4のセルを指定

7 ［偽の場合］に「IF(ISNUMBER(B4),B4*1.3,"")」と入力

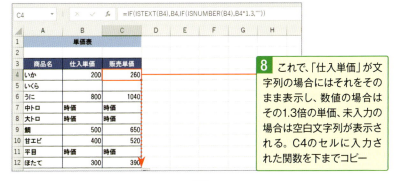

8 これで、「仕入単価」が文字列の場合にはそれをそのまま表示し、数値の場合はその1.3倍の単価、未入力の場合は空白文字列が表示される。C4のセルに入力された関数を下までコピー

No.157 セルの値が空白かどうかによって処理を変える

ISBLANK関数を使ってアンケートの必須入力項目が未入力の場合には「入力して下さい！」と注意を表示し、それ以外の場合には何も表示させません。

これを使おう ＝IF関数の［論理式］にISBLANK関数をネストする

1. B3とB5、B7のセルが未入力の場合に入力を促すメッセージを表示するには
2. C3のセルを選択
3. ［関数の挿入］ボタンをクリック
4. ［関数の挿入］ダイアログボックスで、［関数の分類］に［論理］を選択。［関数名］で［IF］を選択し、［OK］ボタンをクリック

5. ［論理式］に「ISBLANK(B3)」と入力
6. ［真の場合］に「"入力して下さい"」
7. ［偽の場合］に「""」と入力

8. C3のセルに入力された関数をC5とC7のセルにコピー。これで、必須入力項目が未入力の場合には「入力して下さい」とメッセージが表示される

No.158 年代別に人数を数えるには

20歳以上の人数と30歳以上の人数を求めます。20歳以上から30歳以上を引き算すると、20歳代（20歳から29歳）の人数を求められます。

これを使おう ＝2つのCOUNTIF関数の結果を計算する

1. C2のセルを選択
2. [関数の挿入]ボタンをクリック
3. [関数の挿入]ダイアログボックスで、[関数の分類]に[統計]を選択。[関数名]で[COUNTIF]を選択し、[OK]ボタンをクリック

4. [範囲]にC5からC13までのセル範囲を指定
5. [検索条件]に「">=20"」と入力

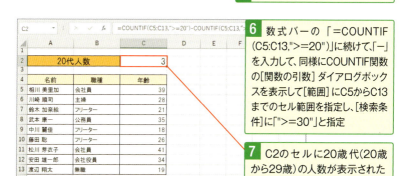

6. 数式バーの「＝COUNTIF(C5:C13,">=20")」に続けて、「－」を入力して、同様にCOUNTIF関数の[関数の引数]ダイアログボックスを表示して[範囲]にC5からC13までのセル範囲を指定し、[検索条件]に「">=30"」と指定
7. C2のセルに20歳代（20歳から29歳）の人数が表示された

No.159 0を除くデータの平均を求めるには

合計が「0」以外の数値だけを対象に平均を求めるには、SUM関数とCOUNTIF関数を利用します。

> これを使おう ＝SUM関数とCOUNTIF関数で平均を求める

1 「クラス平均」には「合計」が「0」のデータを除いた平均点を求めるには

2 E13のセルを選択

3 [オートSUM]ボタンをクリック

4 数式バーの「＝SUM(E4:E12)」に続けて「/」を入力し、[関数の挿入]ボタン f_x をクリック。[関数の分類]に[統計]を選択。[関数名]で[COUNTIF]を選択

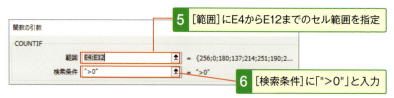

5 [範囲]にE4からE12までのセル範囲を指定

6 [検索条件]に「">0"」と入力

> AVERAGE関数では、「0」も含めて平均が算出されるため、このような関数を使います。

7 E13のセルには、「0」を除いた「合計」の平均点が表示される

No. 160 0を除くデータの最小値を求めるには

COUNTIF関数を使って「0」の個数＋1をSMALL関数の[順位]に指定し、最下位の値として求めます。

これを使おう ＝SMALL関数の[順位]にCOUNTIF関数をネストする

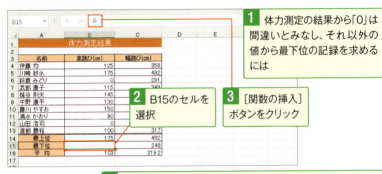

1. 体力測定の結果から「0」は間違いとみなし、それ以外の値から最下位の記録を求めるには
2. B15のセルを選択
3. [関数の挿入]ボタンをクリック
4. [関数の分類]に[統計]を選択。[関数名]で[SMALL]を選択

5. [範囲]にB4からB13までのセル範囲を指定
6. [順位]に「COUNTIF(B4:B13,"0")+1」と入力

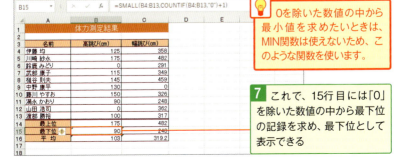

💡 0を除いた数値の中から最小値を求めたいときは、MIN関数は使えないため、このような関数を使います。

7. これで、15行目には「0」を除いた数値の中から最下位の記録を求め、最下位として表示できる

No.161 余分な空白を1つに統一するには

TRIM関数を使って「姓」と「名」の間のスペースを1つにし、さらにASC関数を使ってそれを半角のスペースに統一します。

> **これを使おう** ＝ASC関数の［文字列］にTRIM関数をネストする

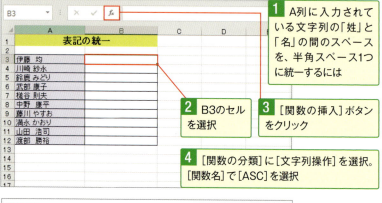

1. A列に入力されている文字列の「姓」と「名」の間のスペースを、半角スペース1つに統一するには
2. B3のセルを選択
3. ［関数の挿入］ボタンをクリック
4. ［関数の分類］に［文字列操作］を選択。［関数名］で［ASC］を選択

5. ［関数の引数］ダイアログボックスで、［文字列］に「TRIM(A3)」と入力

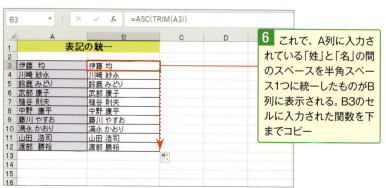

6. これで、A列に入力されている「姓」と「名」の間のスペースを半角スペース1つに統一したものがB列に表示される。B3のセルに入力された関数を下までコピー

No.162 2カ所の文字を一度に置き換えるには

2つのSUBSTITUTE関数を使い、「[」を「(」に、「]」を「)」に一度に変換したデータを表示します。

これを使おう ＝SUBSTITUTE関数にSUBSTITUTE関数をネストする

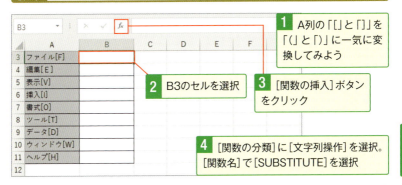

1. A列の「[」と「]」を「(」と「)」に一気に変換してみよう
2. B3のセルを選択
3. [関数の挿入]ボタンをクリック
4. [関数の分類]に[文字列操作]を選択。[関数名]で[SUBSTITUTE]を選択

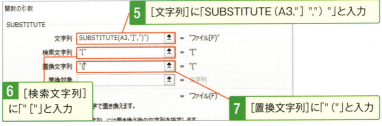

5. [文字列]に「SUBSTITUTE(A3,"]",")")」と入力
6. [検索文字列]に「"["」と入力
7. [置換文字列]に「"("」と入力

8. これで、A列の「[」と「]」を「(」と「)」に変換したデータがB列に表示される。B3のセルに入力された関数を下までコピー

No.163 改行をスペースに置き換えるには

CHAR関数の引数に改行コードを表す「10」を指定し、SUBSTITUTE関数を使ってこの改行コードをスペースに変換して1行で表示します。

これを使おう ＝SUBSTITUTE関数にCHAR関数をネストする

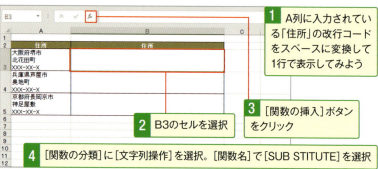

1. A列に入力されている「住所」の改行コードをスペースに変換して1行で表示してみよう
2. B3のセルを選択
3. [関数の挿入]ボタンをクリック
4. [関数の分類]に[文字列操作]を選択。[関数名]で[SUBSTITUTE]を選択

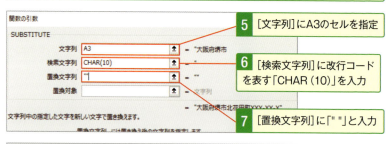

5. [文字列]にA3のセルを指定
6. [検索文字列]に改行コードを表す「CHAR(10)」を入力
7. [置換文字列]に「" "」と入力

8. これで、A列に入力されていた「住所」の改行コードをスペースに置き換えたものがB列に1行で表示される。B3のセルに入力された関数を下までコピー

No.164 指定した文字よりも前にある文字列を取り出すには

FIND関数で「住所」から「市」の文字位置を求め、「住所」の先頭から「市」までの文字列をLEFT関数で取り出します。

これを使おう ＝LEFT関数の[文字数]にFIND関数をネストする

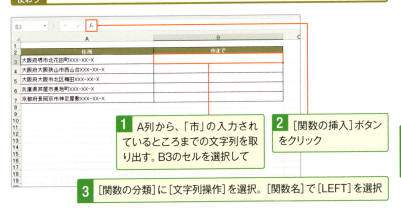

1. A列から、「市」の入力されているところまでの文字列を取り出す。B3のセルを選択して
2. [関数の挿入]ボタンをクリック
3. [関数の分類]に[文字列操作]を選択。[関数名]で[LEFT]を選択
4. [文字列]にA3のセルを指定
5. [文字数]には「FIND("市",A3)」と入力

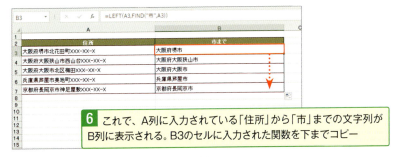

6. これで、A列に入力されている「住所」から「市」までの文字列がB列に表示される。B3のセルに入力された関数を下までコピー

No.165 行と列の項目を指定して一覧表から値を取り出すには

INDEX関数の行と列に、該当するポイントと勤続年数の位置をそれぞれMATCH関数で検索して指定し、査定結果を抽出します。

これを使おう ＝INDEX関数の[行番号][列番号]にMATCH関数をネストする

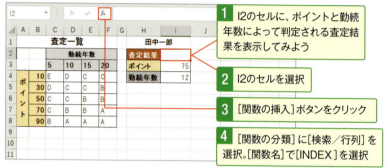

1. I2のセルに、ポイントと勤続年数によって判定される査定結果を表示してみよう
2. I2のセルを選択
3. [関数の挿入]ボタンをクリック
4. [関数の分類]に[検索／行列]を選択。[関数名]で[INDEX]を選択

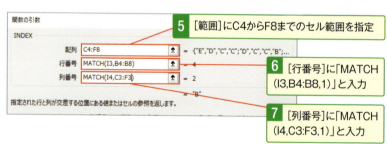

5. [範囲]にC4からF8までのセル範囲を指定
6. [行番号]に「MATCH(I3,B4:B8,1)」と入力
7. [列番号]に「MATCH(I4,C3:F3,1)」と入力

8. I2のセルに、I3のセルとI4のセルに入力されたポイントと勤続年数を元にした査定が表示される

第11章 関数組み合わせワザでもっと便利に

No.166 データによって参照する表を切り替えるには

VLOOKUP関数で、近距離、遠距離の2つの表を切り替えて料金を検索します。名前を付けておくと、INDIRECT関数を使って表を切り替えられます。

これを使おう ＝VLOOKUP関数の[範囲]にINDIRECT関数をネストする

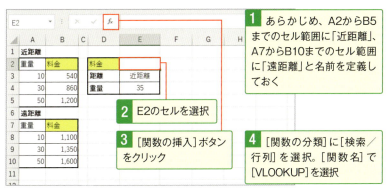

1. あらかじめ、A2からB5までのセル範囲に「近距離」、A7からB10までのセル範囲に「遠距離」と名前を定義しておく
2. E2のセルを選択
3. [関数の挿入]ボタンをクリック
4. [関数の分類]に[検索/行列]を選択。[関数名]で[VLOOKUP]を選択

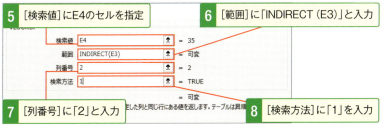

5. [検索値]にE4のセルを指定
6. [範囲]に「INDIRECT(E3)」と入力
7. [列番号]に「2」と入力
8. [検索方法]に「1」を入力

9. E3のセルに入力された距離とE4のセルに入力された重量によって料金が検索されて表示される

近距離の場合はA2からB5までのセル範囲から、遠距離の場合はA7からB10までのセル範囲から検索されます。

No. 167 合計したいセル範囲を自由に切り替えるには

INDEX関数の[列番号]に表の左端からの列番号を指定します。さらに、SUM関数の引数にINDEX関数を指定すると、セル番地を切り替えられます。

> **これを使おう** ＝SUM関数の[数値1]にINDEX関数をネストする

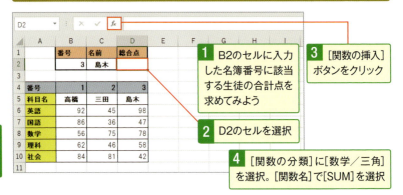

1. B2のセルに入力した名簿番号に該当する生徒の合計点を求めてみよう
2. D2のセルを選択
3. [関数の挿入]ボタンをクリック
4. [関数の分類]に[数学／三角]を選択。[関数名]で[SUM]を選択
5. [数値1]に「INDEX(B6:D10,0,B2)」と入力

💡 INDEX関数の引数、[行番号][列番号]に0を指定すると、行または列すべてを参照します。

6. D2のセルに、B2のセルに入力された番号に相当する生徒の合計点が表示される

No.168 合計範囲の行数や列数を自由に変更するには

OFFSET関数を使って指定した行数の点数部分を範囲選択し、選択した部分の合計点数をSUM関数で求めます。

これを使おう ＝SUM関数の[数値1]にOFFSET関数をネストする

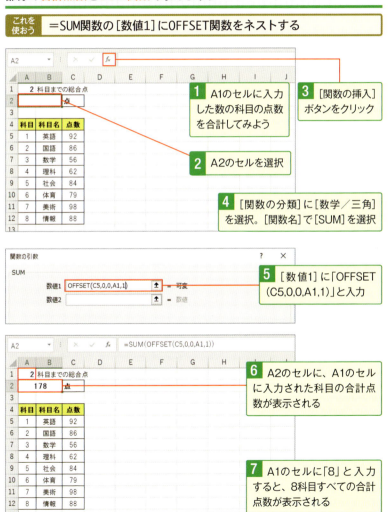

No. 169 締切日までの残りの営業日数を計算するには

NETWORKDAYS関数の[開始日]にTODAY関数で求めた本日の日付を指定し、[終了日]に指定した締切日までの残りの稼働日数を計算します。

これを使おう =NETWORKDAYS関数の[開始日]にTODAY関数をネストする

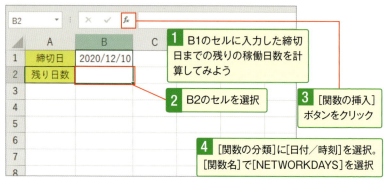

1. B1のセルに入力した締切日までの残りの稼働日数を計算してみよう
2. B2のセルを選択
3. [関数の挿入]ボタンをクリック
4. [関数の分類]に[日付/時刻]を選択。[関数名]で[NETWORKDAYS]を選択

5. [開始日]に「TODAY()」と入力
6. [終了日]にB1のセルを指定

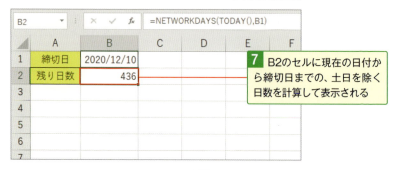

7. B2のセルに現在の日付から締切日までの、土日を除く日数を計算して表示される

第12章
一歩進んだお役立ちテクニック！

第11章では関数の組み合わせによる便利ワザを紹介しました。本章では、さらにもう一歩進んだ役立つワザを解説していきます。知っておくと業務が捗るワザが満載です！

No.170 数値が平均以上かどうかで処理を変えるには

IF関数の条件式に「3教科の平均が全体の平均以上である」という条件を設定して、条件に該当しない場合、「補習」と文字を表示してみましょう。

これを使おう ＝IF関数の[論理式]にAVERAGE関数をネストする

	A	B	C	D	E
1	名前	国語	数学	英語	コメント
2	木村	80	80	86	
3	松田	75	90	59	
4	山田	62	95	100	
5	全教科平均			80.78	

1. B列～D列の数値の平均がD5のセルの値より低い場合、E列に「補習」と表示してみよう
2. E2のセルを選択
3. [関数の挿入]ボタンをクリック
4. [関数の挿入]ダイアログボックスで、[関数の分類]に[論理]を選択。[関数名]で[IF]を選択。[論理式]に「AVERAGE (B2:D2) >=$D$5」と入力

5. D5のセルは、コピー時にずれないよう絶対参照
6. [真の場合]に「""」と入力
7. [偽の場合]に「"補習"」と入力

	A	B	C	D	E
1	名前	国語	数学	英語	コメント
2	木村	80	80	86	
3	松田	75	90	59	補習
4	山田	62	95	100	
5	全教科平均			80.78	

8. これで、B列からD列までの点数の平均がD5のセルの全教科平均より低い場合、E列のセルに「補習」と表示される。E2のセルに入力された関数を下までコピー

No.171 リボンから関数を入力するには

リボンの分類からでも関数を選択して入力することができます。

これを使おう ＝[関数ライブラリ]から使用する関数を選択

1 B1セルにTODAY関数を入力して日付を求めてみよう
2 B1のセルを選択
3 リボンの[数式]タブをクリック

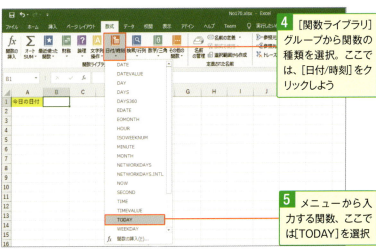

4 [関数ライブラリ]グループから関数の種類を選択。ここでは、[日付/時刻]をクリックしよう
5 メニューから入力する関数、ここでは[TODAY]を選択

6 TODAY関数は引数を必要としないので、そのまま[OK]ボタンをクリック

No. 172 開始日から終了日までの期間を○年○カ月で求めるには

期間を「○年○カ月」で求めるには、1つ目のDATEDIF関数で求めた満年数と2つ目のDATEDIF関数で求めた1年未満の月数とを結合します。

これを使おう =DATEDIF関数で年と月を別々に求める

1 入社年月日と退職年月日から勤続年数を「○年○カ月」で求めてみよう

2 「=DATEDIF(B2, C2, "Y")」と入力

3 続けて「&"年"&DATEDIF(B2, C2, "YM")」と入力

4 続けて「&"カ月"」と入力したら、Enterキーで確定

5 関数を下までコピーすると、勤続年数が「○年○カ月」で求められる

No.173 誕生月の会員データがわかるようにするには

IF関数を使って、現在の日付から取り出した月と、誕生日の日付から取り出した月が同じであるかどうかを判定します

これを使おう ＝IF関数の[論理式]にMONTH関数をネストする

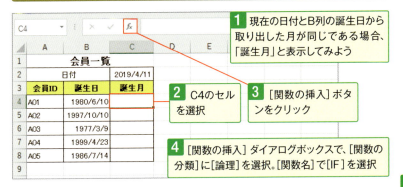

1. 現在の日付とB列の誕生日から取り出した月が同じである場合、「誕生月」と表示してみよう
2. C4のセルを選択
3. [関数の挿入]ボタンをクリック
4. [関数の挿入]ダイアログボックスで、[関数の分類]に[論理]を選択。[関数名]で[IF]を選択

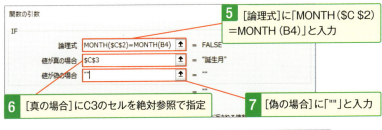

5. [論理式]に「MONTH($C$2)=MONTH(B4)」と入力
6. [真の場合]にC3のセルを絶対参照で指定
7. [偽の場合]に「""」と入力

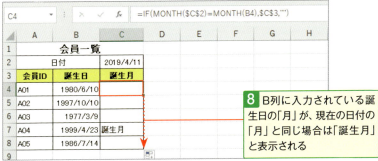

8. B列に入力されている誕生日の「月」が、現在の日付の「月」と同じ場合は「誕生月」と表示される

No. 174 年齢を求めるには

年齢を求めるには、DATEDIF関数の引数の[開始日]に生年月日を指定し、[終了日]に本日の日付を求めるTODAY関数をネストします。

これを使おう =DATEDIF関数の[終了日]にTODAY関数をネストする

1 会員リストの誕生日から現在の年齢を求めてみよう

2 D3のセルを選択して、「=DATEDIF(」と入力して

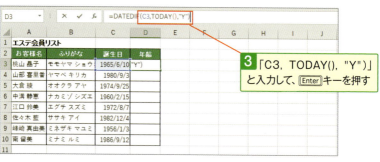

3 「C3, TODAY(), "Y"」と入力して、Enterキーを押す

💡 [単位]には満年数を求める単位"Y"を指定すると、生年月日から本日までの年数が計算されて満年齢が求められます。

4 誕生日から現在の年齢が求められる。関数を下までコピー

No.175 24時間を越える時刻から時間数を取り出すには

24時間を越えた時刻でも時を取り出すにはDAY関数で求めた日数を時間数にしてHOUR関数で求めた時間数に足し算します。

これを使おう ＝DAY関数で日数を取り出し時間数に変換する

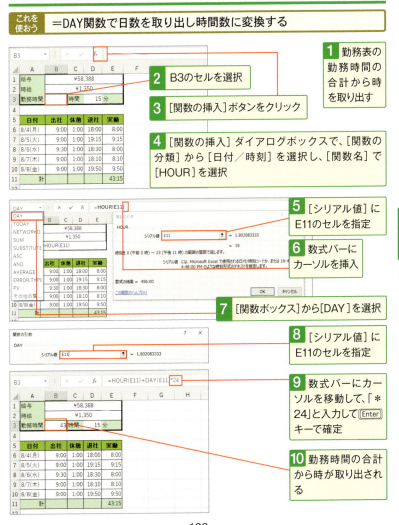

No.176 印刷できない文字を削除するには

[文字列]を指定したデータを含まれる、印刷できない文字を削除します。特殊な制御文字が含まれているときにそれを削除できます。

これを使おう =CLEAN(文字列)

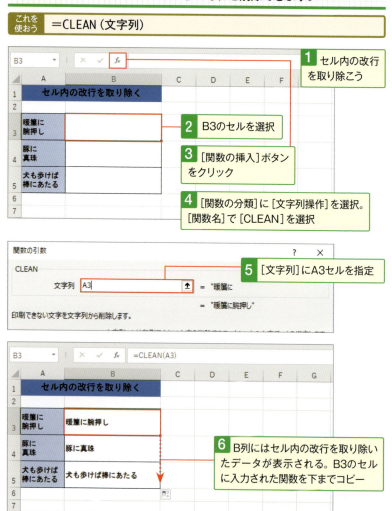

1. セル内の改行を取り除こう
2. B3のセルを選択
3. [関数の挿入]ボタンをクリック
4. [関数の分類]に[文字列操作]を選択。[関数名]で[CLEAN]を選択
5. [文字列]にA3セルを指定
6. B列にはセル内の改行を取り除いたデータが表示される。B3のセルに入力された関数を下までコピー

No.177 数値の単位を変換するには

数値の単位を別の単位に変換するには、**CONVERT関数**を使います。数値を引数の[変換後単位]に指定した単位に変換します。

これを使おう ＝CONVERT(数値, 変換前単位, 変換後単位)

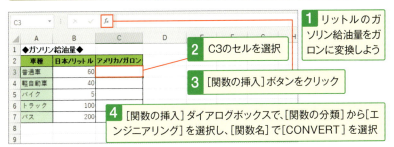

1. リットルのガソリン給油量をガロンに変換しよう
2. C3のセルを選択
3. [関数の挿入]ボタンをクリック
4. [関数の挿入]ダイアログボックスで、[関数の分類]から[エンジニアリング]を選択し、[関数名]で[CONVERT]を選択

5. [数値]にB3のセルを指定
6. [変換前単位]に「"l"」
7. [変換後単位]に「"gal"」と入力

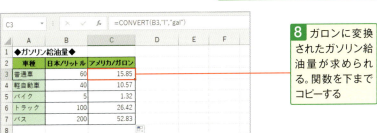

8. ガロンに変換されたガソリン給油量が求められる。関数を下までコピーする

◆スキルアップ

CONVERT関数で指定できる単位

CONVERT関数で指定できる単位には、重量、距離、圧力、温度、容積、エネルギーなどのほか、日付／時刻なども指定できます。詳しくはヘルプを参照してください。

No.178 全科目の点数が一定以上の生徒のセルに色を付けるには

基準点以上であるかを判断するには、**AND関数**を指定して「TRUE」が返される場合、背景色を変更するという**条件付き書式**を設定します。

> **これを使おう** =条件付き書式でAND関数を使った数式を指定する

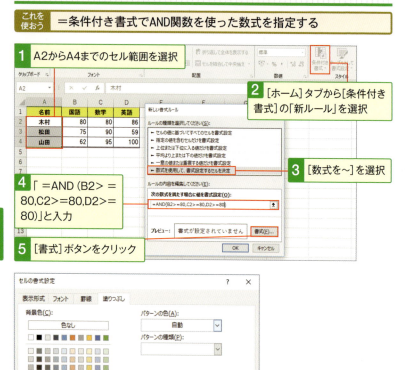

1. A2からA4までのセル範囲を選択
2. [ホーム]タブから[条件付き書式]の「新ルール」を選択
3. [数式を~]を選択
4. 「=AND(B2>=80,C2>=80,D2>=80)」と入力
5. [書式]ボタンをクリック
6. [塗りつぶし]タブで任意の色を選択

7. A2からA4までのセル範囲に条件付き書式が設定される。国語、数学、英語のすべてが80点以上である生徒のセルに、背景色が表示されるようになる

No.179 1行おきにセルに色を付けるには

1行おきにセルの背景色を付けるには、表全体に「現在の行番号を2で割ると余りが1が成り立つ場合に、条件付き書式を設定します。

これを使おう ＝条件付き書式でMOD関数にROW関数をネストした数式を指定する

1. A4からD10までのセル範囲を選択して[ホーム]タブから[条件付き書式]の[新ルール]を選択
2. [数式を~]を選択
3. 「＝MOD(ROW(A4),2)=1」と入力
4. [書式]ボタンをクリック
5. [塗りつぶし]タブで任意の色を選択
6. A4からD10までのセル範囲に条件付き書式が設定される。これで、1行おきに背景色が表示されるようになる

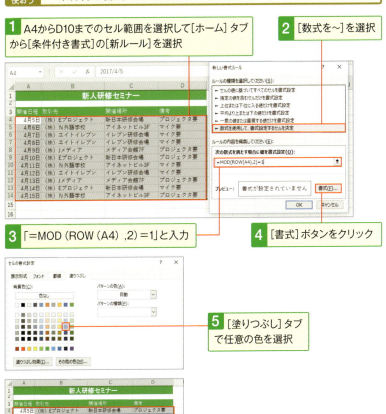

No.180 重複データがひと目でわかるようにするには

重複データがあるかを調べるには、「アクティブセルのデータと同じデータが列内に2件以上ある」場合に、条件付き書式を設定します。

これを使おう ＝条件付き書式でCOUNTIF関数を指定して氏名の重複を調べる

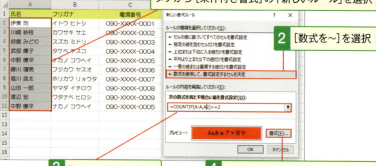

1 A2からA10までのセル範囲を選択して、[ホーム]タブから[条件付き書式]の「新しいルール」を選択

2 [数式を～]を選択

3 「=COUNTIF(A:A, A2)>=2」と入力

4 [書式]ボタンをクリック、[セルの書式設定]ダイアログボックスを表示

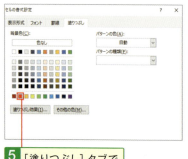

5 [塗りつぶし]タブで任意の色を選択し、[OK]ボタンをクリック

6 A2からA10までのセル範囲に条件付き書式が設定される。これで、重複するデータには背景色が表示された

No.181 土日を赤文字で表示するには

土日だけ色を変えるには、日付の列に「WEEKDAY関数の結果が『1』または『7』である」場合に、条件付き書式を設定します。

これを使おう ＝条件付き書式でWEEKDAY関数を指定して土日を表す数値を調べる

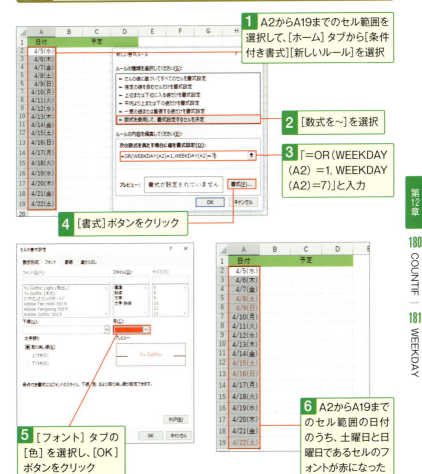

1. A2からA19までのセル範囲を選択して、[ホーム] タブから[条件付き書式][新しいルール]を選択
2. [数式を～]を選択
3. 「＝OR(WEEKDAY(A2)＝1,WEEKDAY(A2)＝7)」と入力
4. [書式]ボタンをクリック
5. [フォント] タブの[色]を選択し、[OK] ボタンをクリック
6. A2からA19までのセル範囲の日付のうち、土曜日と日曜日であるセルのフォントが赤になった

No. 182 平日のデータだけを抽出するには

日付のセルからWEEKDAY関数を使って曜日を表す数値を求めておくと、オートフィルタの抽出条件に数値の大小で曜日を指定できます。

これを使おう =WEEKDAY関数の結果をオートフィルタの抽出条件に利用する

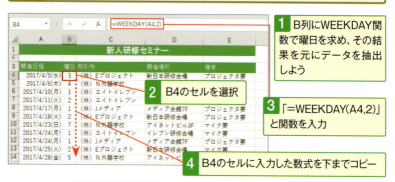

1. B列にWEEKDAY関数で曜日を求め、その結果を元にデータを抽出しよう
2. B4のセルを選択
3. 「=WEEKDAY(A4,2)」と関数を入力
4. B4のセルに入力した数式を下までコピー
5. 次に、表内のセルを選択して[ホーム]タブから[並べ替えとフィルター]→[フィルター]の順に選択し、オートフィルタを設定する。B列の▼をクリックして[数値フィルター]の[ユーザー設定フィルター]を選択

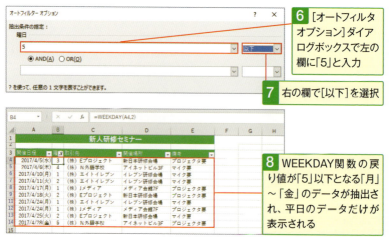

6. [オートフィルタオプション]ダイアログボックスで左の欄に「5」と入力
7. 右の欄で[以下]を選択
8. WEEKDAY関数の戻り値が「5」以下となる「月」〜「金」のデータが抽出され、平日のデータだけが表示される

No.183 特定の位置にある文字に応じてフォント色を変更するには

意味のある文字を組み合わせて付けられた品番などで、「MID関数で指定した位置にある文字が『F』である」場合に、条件付き書式を設定します。

これを使おう ＝条件付き書式でMID関数を指定して特定の位置にある文字を調べる

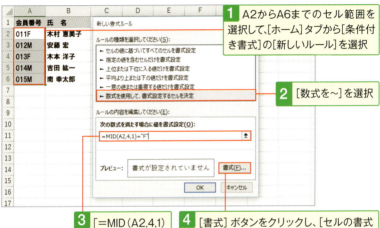

1. A2からA6までのセル範囲を選択して、[ホーム]タブから[条件付き書式]の[新しいルール]を選択
2. [数式を～]を選択
3. 「=MID(A2,4,1)="F"」と入力
4. [書式]ボタンをクリックし、[セルの書式設定]ダイアログボックスを表示

5. [フォント]タブで任意の色を選択し、[OK]ボタンをクリック
6. A2からA6までのセル範囲のうち、4文字目が「F」であるセルのフォントの色が変更される

No.184 行と列を指定して交差するセルに色を付けるには

交差する位置にあるセルを表示するには、「行・列の値が指定したデータと両方一致する」条件式を、セルを複合参照にしたAND関数で指定します。

これを使おう ＝条件付き書式で、AND関数を部分的に絶対参照で指定する

1 指定した科目名と生徒名の交差するセルを、わかりやすく色を変えて表示する

2 C6からE9までのセル範囲を選択して、[ホーム]タブから[条件付き書式]の[新しいルール]を選択

3 [数式を～]を選択

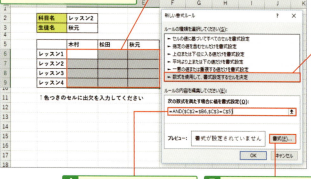

4 「=AND($C$2=$B6, $C$3=C$5)」と入力

5 [書式]ボタンをクリックし、[セルの書式設定]ダイアログボックスを表示

6 [塗りつぶし]タブで任意の色を選択し、[OK]ボタンをクリック

7 C2からC3までのセル範囲に指定した「科目名」と「生徒名」が、C6からE9までのセル範囲の先頭にあるセルの値と一致するセルの背景色が変更される

No. 185 入力ミスにエラーメッセージを出すには

スペースが入ってないなどの入力ミスには、SEARCH関数を使ってメッセージを表示して入力し直すよう警告してみましょう。

これを使おう ＝入力規則を設定して、SEARCH関数で空白を検索する

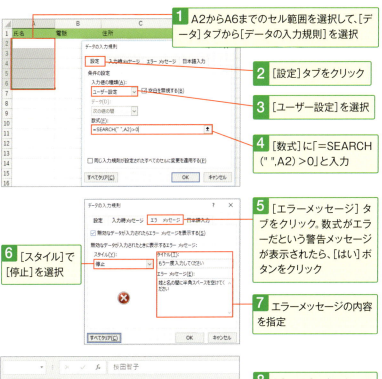

1. A2からA6までのセル範囲を選択して、[データ]タブから[データの入力規則]を選択
2. [設定]タブをクリック
3. [ユーザー設定]を選択
4. [数式]に「=SEARCH(" ",A2)>0」と入力
5. [エラーメッセージ]タブをクリック。数式がエラーだという警告メッセージが表示されたら、[はい]ボタンをクリック
6. [スタイル]で[停止]を選択
7. エラーメッセージの内容を指定

8. A2～A6のセルに、スペースを入れずに文字列を入力するとメッセージが表示され、スペースなしで入力したデータは入力できなくなる

No.186 時刻を15分単位で入力させるには

15分単位で時刻を入力させるには、MINUTE関数で取り出した時刻の「分」を15で割った余りが「0」となる数値だけを入力させます。

これを使おう ＝入力規則で、15で割り切れる数値だけを入力させる

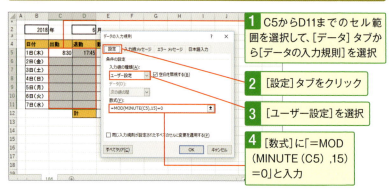

1. C5からD11までのセル範囲を選択して、[データ]タブから[データの入力規則]を選択
2. [設定]タブをクリック
3. [ユーザー設定]を選択
4. [数式]に「＝MOD(MINUTE(C5),15)=0」と入力

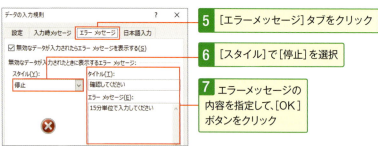

5. [エラーメッセージ]タブをクリック
6. [スタイル]で[停止]を選択
7. エラーメッセージの内容を指定して、[OK]ボタンをクリック

8. C5～D11のセルに、15分単位でない時刻を入力すると、15分単位で入力するようにメッセージが表示される

No.187 セルの入力値として複数の表を参照するには

入力規則のリストに表示する元データとして複数の表を指定するには、表に名前を付けておき、INDIRECT関数でセルを参照させます。

これを使おう ＝名前をリスト表示するセルをINDIRECT関数で参照する

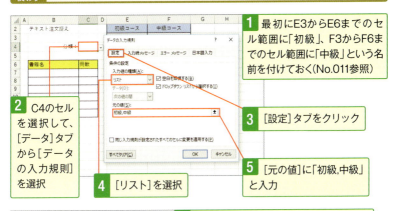

1. 最初にE3からE6までのセル範囲に「初級」、F3からF6までのセル範囲に「中級」という名前を付けておく（No.011参照）
2. C4のセルを選択して、[データ]タブから[データの入力規則]を選択
3. [設定]タブをクリック
4. [リスト]を選択
5. [元の値]に「初級,中級」と入力

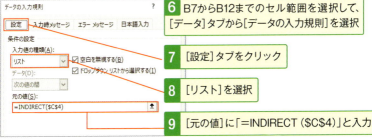

6. B7からB12までのセル範囲を選択して、[データ]タブから[データの入力規則]を選択
7. [設定]タブをクリック
8. [リスト]を選択
9. [元の値]に「＝INDIRECT（$C$4）」と入力

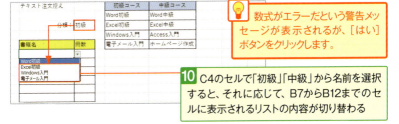

> 数式がエラーだという警告メッセージが表示されるが、[はい]ボタンをクリックします。

10. C4のセルで「初級」「中級」から名前を選択すると、それに応じて、B7からB12までのセルに表示されるリストの内容が切り替わる

No.188 コードを選択して対応するデータを表示するには

コード番号を選択すると担当者名が自動表示されるしくみを作るには、LOOKUP関数でそのコードに対する氏名を対応表から自動表示させます。

これを使おう ＝LOOKUP関数の[検査値]をリストから選択させる

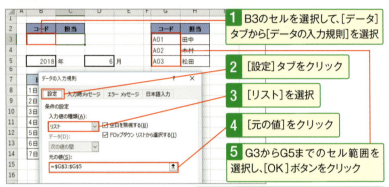

1. B3のセルを選択して、[データ]タブから[データの入力規則]を選択
2. [設定]タブをクリック
3. [リスト]を選択
4. [元の値]をクリック
5. G3からG5までのセル範囲を選択し、[OK]ボタンをクリック
6. C3のセルを選択して、LOOKUP関数の[関数の引数]ダイアログボックスを表示

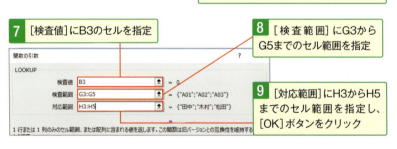

7. [検査値]にB3のセルを指定
8. [検査範囲]にG3からG5までのセル範囲を指定
9. [対応範囲]にH3からH5までのセル範囲を指定し、[OK]ボタンをクリック

10. B3のセルに表示されるリストからコード番号を選択
11. LOOKUP関数を設定したC3のセルでは、コードに対応する担当者名が表示される

No.189 複数の条件で絞り込んだデータを合計するには

2つの条件を満たすデータを合計するには、データベース関数を利用するほかに、SUM関数にIF関数をネストして配列数式にする方法があります。

これを使おう ＝SUM関数にIF関数をネストして合計対象を絞り込む

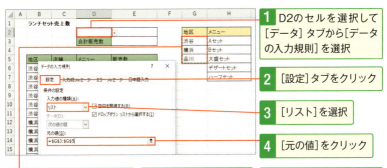

1. D2のセルを選択して[データ]タブから[データの入力規則]を選択
2. [設定]タブをクリック
3. [リスト]を選択
4. [元の値]をクリック
5. G3からG5までのセル範囲を選択し、[OK]ボタンをクリック
6. 同様にしてE2のセルにはH3からH7までのセル範囲のデータをリスト表示するように入力規則を設定
7. E3のセルを選択して、SUM関数の[関数の引数]ダイアログボックスを表示

8. [数値1]に「IF(D6:D19=E2,IF(B6:B19=D2,E6:E19))」と入力
9. [Shift]キー＋[Ctrl]キー＋[Enter]キーを押す

10. D2のセルで「地区」を、E2のセルで「メニュー」を選択
11. 配列数式を設定したE3のセルに、選択した条件に当てはまるデータの合計が表示される

No.190 表を作らずに複数列のデータを参照するには

VLOOKUP関数の[範囲]に指定する項目が少ない場合は、検索範囲を配列定数で指定すると便利です。参照用の表を作成する手間が省けます。

これを使おう =VLOOKUP関数の[範囲]を配列定数で指定する

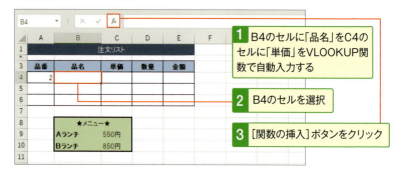

1. B4のセルに「品名」をC4のセルに「単価」をVLOOKUP関数で自動入力する
2. B4のセルを選択
3. [関数の挿入]ボタンをクリック
4. VLOOKUP関数の[関数の引数]ダイアログボックスを表示

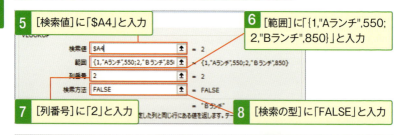

5. [検索値]に「$A4」と入力
6. [範囲]に「{1,"Aランチ",550;2,"Bランチ",850}」と入力
7. [列番号]に「2」と入力
8. [検索の型]に「FALSE」と入力

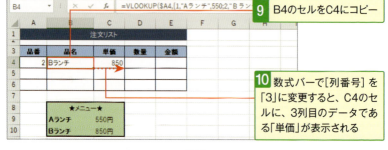

9. B4のセルをC4にコピー
10. 数式バーで[列番号]を「3」に変更すると、C4のセルに、3列目のデータである「単価」が表示される

No.191 数値の符号によって異なる文字を表示するには

ユーザー定義の表示形式では、セルの値が正の数、負の数、0、文字列の場合の表示形式を、セミコロン「；」で区切って指定できます。

これを使おう ＝正、負、「0」の3つの場合に表示する文字列を別々に指定する

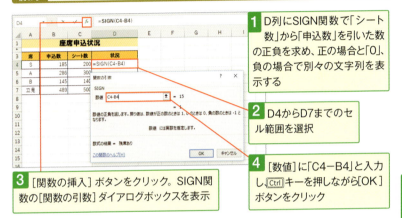

1 D列にSIGN関数で「シート数」から「申込数」を引いた数の正負を求め、正の場合と「0」、負の場合で別々の文字列を表示する

2 D4からD7までのセル範囲を選択

3 [関数の挿入]ボタンをクリック。SIGN関数の[関数の引数]ダイアログボックスを表示

4 [数値]に「C4-B4」と入力し、Ctrlキーを押しながら[OK]ボタンをクリック

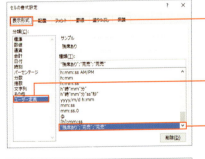

5 マウスを右クリックして[セルの書式設定]を選択して[表示形式]タブをクリック[ユーザー定義]を選択

6 [ユーザー定義]を選択

7 [種類]に「"残席あり";"完売";"完売"」と入力して[OK]する

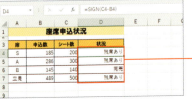

8 D4からD7までのセル範囲に、SIGN関数の結果が正なら「残席あり」と表示され、結果が「0」または負の数なら「完売」と表示される

No.192 借入額や返済期間を自由にシミュレーションするには

ゴールシーク機能とは、数式の結果を元にセルの値を変化させてその値に近づける機能です。PMT関数と組み合わせて返済期間などを試算できます。

これを使おう ＝PMT関数の引数をセルに入力してゴールシーク機能を使う

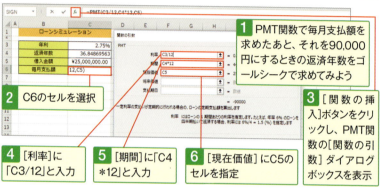

1 PMT関数で毎月支払額を求めたあと、それを90,000円にするときの返済年数をゴールシークで求めてみよう

2 C6のセルを選択

3 [関数の挿入]ボタンをクリックし、PMT関数の[関数の引数]ダイアログボックスを表示

4 [利率]に「C3/12」と入力

5 [期間]に「C4*12」と入力

6 [現在価値]にC5のセルを指定

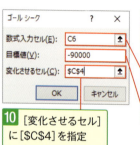

7 C6のセルを選択して[データ]の[What If分析]から[ゴールシーク]を選択し、[ゴールシーク]ダイアログボックスを表示

8 [数式入力セル]にC6のセルを指定

9 [目標値]に「-90000」と入力

10 [変化させるセル]に[$C$4]を指定

11 「解答が見つかりました」とメッセージが表示され、C4のセルに返済年数が表示される

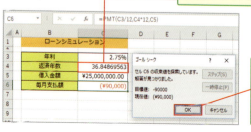

12 [ゴールシーク]ダイアログボックスの[OK]ボタンをクリックすると表示された結果でセルが更新される

INDEX ◎索引

【記号・数字】

, ……………………………………… No.013
; ……………………………………… No.013
"" ……………………………………… No.013
{ ……………………………………… No.013
& ……………………………………… No.023
= ……………………………………… No.002
#N/A ………………………………… No.132
#VALUE！ …………………………… No.050

【A～Z】

ABS関数 ……………………………… No.049
ADDRESS関数 ……………………… No.083
AND関数 … No.124、No.155、No.178、No.184
ASC関数 ………………… No.099、No.161
AVERAGE関数 …………… No..001、No.058
AVERAGEA関数 …………………… No.059
AVERAGEIFS関数 ………………… No.061
AVERAGEIF関数 …………………… No.060
CEILING関数 ………………………… No.042
CELL関数 …………………………… No.140
CHAR関数 ……………… No.118、No.163
CLEAN関数 ………………………… No.176
COLUMNS関数 …………………… No.088
COLUMN関数 ……………………… No.086
COMBIN関数 ……………………… No.048
CONCAT関数 …………… No.104、No.118
CONCATENATE関数 ……………… No.104
CONVERT関数 …………………… No.177
COS関数 …………………………… No.055
COUNTA関数 ……………………… No.065
COUNTBLANK関数 ……………… No.066
COUNTIFS関数 …………………… No.068
COUNTIF関数 …… No.067、No.158、No.159、
No.160、No.180
COUNT関数 ………………………… No.064
DATEDIF関数 …… No.028、No.172、No.174
DATESTRING関数 ………………… No.025
DATEVALUE関数 ………………… No.023
DATE関数 …………………………… No.019
DAVERAGE関数 …………………… No.094
DAY関数 ………………… No.020、No.175
DB関数 ……………………………… No.152
DCOUNTA関数 …………………… No.096
DCOUNT関数 ……………………… No.095
DEGREES関数 …………………… No.054
DGET関数 ………………………… No.098
DMAX関数 ………………………… No.097
DMIN関数 ………………………… No.097
DOLLAR関数 ……………………… No.115
DSUM関数 ………………………… No.093
EDATE関数 ………………………… No.026
EOMONTH関数 …………………… No.027
ERROR.TYPE関数 ……………… No.137

EVEN関数	No.044	ISPMT関数	No.146
EXACT関数	No.120	ISTEXT関数	No.134、No.156
FALSE	No.122、No.128	IS関数	No.129
FINDB関数	No.106	JIS関数	No.100
FIND関数	No.106、No.164	LARGE関数	No.072
FIXED関数	No.114	LCM関数	No.047
FLOOR関数	No.042	LEFTB関数	No.109
FREQUENCY関数	No.069	LEFT関数	No.109、No.164
FV関数	No.149	LEN関数	No.105
GCD関数	No.047	LOOKUP関数	No.079、No.188
h:mm:AM/PM	No.021	LOWER関数	No.101、No.102
HOUR関数	No.022、No.175	MATCH関数	No.081、No.165
HYPERLINK関数	No.091	MAXA関数	No.070
IFERROR関数	No.127	MAX関数	No.070
IF関数	No.123、No.154、No.155、No.156、No.157、No.173、No.189	MEDIAN関数	No.073
INDEX関数	No.082、No.165、No.167	MID関数	No.110、No.183
INDIRECT関数	No.090、No.136、No.166、No.187	MINA関数	No.071
		MINUTE関数	No.022
		MIN関数	No.071
INFO関数	No.139	MODE.SNGL関数	No.074
INT関数	No.041	MOD関数	No.046、No.179、No.186
IPMT関数	No.145	MONTH関数	No.020、No.173
ISBLANK関数	No.131、No.157	MROUND関数	No.043
ISERROR関数	No.131	NETWORKDAYS関数	No.029、No.169
ISERR関数	No.132	NOT関数	No.126
ISEVEN関数	No.136	NOW関数	No.018
ISLOGICAL関数	No.135	NPER関数	No.147
ISNA関数	No.132	NUMBERSTRING関数	No.116
ISNONTEXT関数	No.134	ODD関数	No.044
ISNUMBER関数	No.133、No.156	OFFSET関数	No.084、No.168
ISODD関数	No.136	OR関数	No.125

PERMUT関数	No.048
PHONETIC関数	No.141
PI関数	No.053
PMT関数	No.143、No.192
POWER関数	No.052
PPMT関数	No.144
PRECENTILE.INC関数	No.077
PRECENTRANK.INC関数	No.076
PRODUCT関数	No.036
PROPER関数	No.103
PV関数	No.150
QUARTILE.INC関数	No.078
QUOTIENT関数	No.045
RADIANS関数	No.054
RANDBETWEEN関数	No.057
RAND関数	No.056
RANK.EQ関数	No.075
RATE関数	No.148
REPLACEB関数	No.112
REPLACE関数	No.112
REPT関数	No.121
RIGHTB関数	No.108
RIGHT関数	No.108
ROUNDOWN関数	No.040
ROUNDUP関数	No.039
ROUND関数	No.039
ROWS関数	No.087
ROW関数	No.085、No.179
SEARCHB関数	No.107
SEARCH関数	No.107、No.185
SECOND関数	No.022
SIGN関数	No.050、No.191
SIN関数	No.055
SLN関数	No.151
SMALL関数	No.072、No.160
SQRT関数	No.051
STDEV.P関数	No.063
STDEV.S関数	No.063
SUBSTITUTE関数	No.111、No.162、No.163
SUBTOTAL関数	No.038
SUMIFS関数	No.035
SUMIF関数	No.034
SUMPRODUCT関数	No.037
SUM関数	No.014、No.033、No.159、No.167、No.168、No.189
TAN関数	No.055
TEXT関数	No.113
TIME関数	No.021
TODAY関数	No.017、No.169、No.174
TRANSPOSE関数	No.089
TRIMMEAN関数	No.062
TRIM関数	No.119、No.161
TRUE	No.122、No.128
TRUNC関数	No.040
TYPE関数	No.138
UPPER関数	No.101
VALUE関数	No.117
VLOOKUP関数	No.080、No.136、No.154、No.166、No.190
WEBページ	No.091
WEEKDAY関数	No.024、No.181、No.182
WEEKNUM関数	No.031

What If分析	No.192
WORKDAY関数	No.030
YEARFRAC関数	No.032
YEAR関数	No.020
YEN関数	No.115

【あ〜か行】

アドイン	No.015、No.031
位置を指定して置き換え	No.112
一定の割合を除いた平均	No.062
移動した位置のセル番地	No.084
営業日	No.029
英文字を大文字に	No.101
英文字を小文字に	No.102
エラー	No.127、No.131
エラーの値を変える	No.127
エラーの種類	No.137
エラーを調べる	No.131
エンジニアリング	No.177
円周率	No.053
オートフィルタ	No.182
借入できる金額	No.150
カレンダーの種類	No.025
元金均等返済	No.146
元金返済額	No.144
漢数字	No.116
関数の確認	No.008
関数の挿入ボタン	No.003
関数ライブラリ	No.171
期限日	No.030

行と列の入れ替え	No.089
行の数	No.087
今日の日付	No.017
切り捨て	No.040、No.041
金利相当額	No.145
偶数・奇数	No.044
空白を除く関数	No.065
空欄含めた平均	No.059
組み合わせ	No.012
繰り返して表示	No.121
桁区切り	No.114
月末日	No.027
減価償却費	No.151、No.152
現在の日時	No.018
検索／行列	No.079〜091、No.165〜166
交差するセル番地	No.083
高度な関数	No.015
ゴールシーク	No.192
コピー	No.006、No.007

【さ行】

祭日	No.029
最小公倍数	No.047
最小値	No.071
最大公約数	No.047
最大値	No.070
最頻値	No.074
財務	No.142〜152
財務関数	No.142
三角関数	No.055

参照	No.010
参照する表に切り替え	No.136
時間	No.016
四捨五入	No.039、No.114
システムの情報を表示	No.139
指定位置から文字取り出し	No.110
指定した範囲の積	No.037
支払利息	No.146
集計方法	No.038
手動入力	No.004
順位	No.072
順位を昇降順	No.075
除算	No.045、No.046
条件が満たされていないか	No.126
条件に当てはまる合計	No.034
条件に当てはまる個数	No.067
条件を満たすか	No.124
条件を満たす合計	No.035
条件を満たす平均	No.060
情報	No.129〜141
書式	No.006
シリアル値	No.016
真の場合	No.123、No.128
数学／三角	No.014、No.034〜057、No.153、No.167〜168
数値かどうか調べる	No.134
数値に変換	No.117
数値の合計	No.033
数値の個数	No.064
スペースの削除	No.119
整数	No.041、No.045
正の平方根	No.051
正負	No.050
積	No.036
絶対参照	No.010
絶対値	No.049
セルの行番号	No.085
セルの空白	No.130
セルの情報を表示	No.140
セルの相対的な位置	No.081
セルの内容を間接的に参照	No.090
セルの範囲	No.022
セルの判定	No.129
セルの列番号	No.086
全角に統一	No.100
先頭を大文字に	No.103

【た行】

対応する文字	No.118
単位"D"	No.028
単位"M"	No.028
単位"MD"	No.028
単位"Y"	No.028
単位"YD"	No.028
単位"YM"	No.028
置換と検索	No.111
中央値	No.073
通貨	No.115
定範囲に含まれる個数	No.069
データの種類	No.138
データの抽出　行・列単位	No.079

データの抽出　複数の行・列………	No.080
データの抽出　交差する位置………	No.082
データベース……………………	No.092～098
最大値・最小値…………………	No.097
条件に当てはまる1つ抽出 ………	No.098
条件に当てはまる平均…………	No.094
条件に当てはまる空白以外の個数…	No.096
条件に当てはまる個数…………	No.095
データ合計……………………	No.093
土日祝除く………………………	No.029
統計………………	No.058～078、No.158～160

【な～は行】

名前の管理………………………	No.011
何％に位置するか………………	No.076
偽の場合…………………	No.123、No.128
ネスト…………………	No.012、No.153
年月日……………………………	No.023
倍数…………………	No.042、No.043
ハイパーリンク…………………	No.091
配列………………………………	No.013
半角に統一………………………	No.099
引数…………………	No.008、No.009
引数の指定………………………	No.154
左端から文字取り出し…………	No.109
日付／日時……………	No.017～032、No.169、No.171、No.175
表示形式…………………………	No.113
標準偏差…………………………	No.063
表データ…………………………	No.013
複数の条件に当てはまる個数………	No.068
複数の条件の平均………………	No.061
複数の条件を1つ満たす ………	No.125
複数のセル………………………	No.014
ふりがな…………………………	No.141
分析ツール………………………	No.015
平均………………………………	No.058
平成………………………………	No.025
べき乗……………………………	No.052
別の文字列に置き換え…………	No.111
ヘルプ……………………………	No.004
返済額……………………………	No.143

【ま行】

毎月積立額………………………	No.143
右端から文字取り出し…………	No.108
文字コード………………………	No.118
文字数……………………………	No.105
文字の位置……………	No.106、No.107
文字列かどうか調べる…………	No.134
文字列操作……	No.099～121、No.161～164、No.176
文字列を結合……………………	No.104
文字列を比較……………………	No.120
戻り値……………………………	No.078

【や〜ら行】

曜日··No.024
ラジアン単位·······································No.054
乱数······························· No.056、No.057
リボン···No.171
列の数··No.088
ローンの支払い月数··························No.147
ローンの利率·····································No.148
論理値かどうか調べる·····················No.135
論理······ No.122〜128、No.154〜157、No.173
割り算····························· No.045、No.046
和暦···No.025

【問い合わせ】

本書の内容に関する質問は、下記のメールアドレスおよびファクス番号まで、書籍名を明記のうえ書面にてお送りください。電話によるご質問には一切お答えできません。また、本書の内容以外についてのご質問についてもお答えすることができませんので、あらかじめご了承ください。なお、質問への回答期限は本書発行日より2年間（2021年6月まで）とさせていただきます。

メールアドレス：pc-books@mynavi.jp
ファクス：03-3556-2742

【ダウンロード】

本書のサンプルデータを弊社サイトからダウンロードできます。下記のサイトより、本書のサポートページにアクセスしてください。また、ダウンロードに関する注意点は、本書3ページおよびサイトをご覧ください。

https://book.mynavi.jp/supportsite/detail/9784839968663.html

ご注意：上記URLはブラウザのアドレスバーに入れてください。GoogleやYahoo!では検索できませんのでご注意ください。サンプルデータは本書の学習用として提供しているものです。それ以外の目的で使用すること、特に個人使用・営利目的に関らず二次配布は固く禁じます。また、著作権等の都合により提供を行っていないデータもございます。

速効! ポケットマニュアル
Excel 関数 便利ワザ
2019 & 2016 & 2013

2019年6月25日　初版第1刷発行

著者	速効！ポケットマニュアル編集部
発行者	滝口直樹
発行所	株式会社マイナビ出版
	〒101-0003　東京都千代田区一ツ橋2-6-3　一ツ橋ビル2F
	TEL 0480-38-6872（注文専用ダイヤル）
	TEL 03-3556-2731（販売部）
	TEL 03-3556-2736（編集部）
	URL：https://book.mynavi.jp

装丁・本文デザイン	納谷祐史
イラスト	ショーン=ショーノ
DTP	大西恭子
印刷・製本	シナノ印刷株式会社

©2019 Mynavi Publishing Corporation, Printed in Japan
ISBN978-4-8399-6866-3
定価は裏表紙に記載してあります。
乱丁・落丁本はお取り替えいたします。
乱丁・落丁についてのお問い合せは「TEL0480-38-6872（注文専用ダイヤル）、電子メール：sas@mynavi.jp」までお願いいたします。
本書は著作権法上の保護を受けています。
本書の一部あるいは全部について、著者、発行者の許諾を得ずに、無断で複写、複製することは禁じられています。
本書中に登場する会社名や商品名は一般に各社の商標または登録商標です。